| 计算机专业·任务驱动应用型教材 |

Illustrator 平面设计

谢文彩　张素芳 / 主编
刘田珦　陈奕文　郭雨昕 / 副主编

电子工业出版社
Publishing House of Electronics Industry
北京·BEIJING

内 容 简 介

本书以 Illustrator CC 2022 作为对象软件，分为九个项目，全面、详细地介绍了 Illustrator CC 2022 的特点、功能、使用方法和技巧。本书的具体内容为：Illustrator 入门基础、图形的绘制和编辑、路径的应用、图形填充与混合、使用画笔与符号工具、面板的运用、文字处理、效果的应用及制作 LEEKUU 换购卡。

本书实例丰富、内容翔实、操作方法简单易学，不仅适合进行图形图像处理的大中专学生作为教材使用，也可供感兴趣的读者及相关的专业人士参考。

本书附有电子资料，包含书中所有实例的源文件和相关资源，以及软件操作过程的录屏动画，还附赠大量其他实例素材，供读者学习时使用。

未经许可，不得以任何方式复制或抄袭本书之部分或全部内容。
版权所有，侵权必究。

图书在版编目（CIP）数据

Illustrator 平面设计 / 谢文彩，张素芳主编．—北京：电子工业出版社，2022.11
ISBN 978-7-121-43844-8

Ⅰ．①I… Ⅱ．①谢… ②张… Ⅲ．①平面设计－图形软件－高等职业教育－教材 Ⅳ．①TP391.412

中国版本图书馆 CIP 数据核字（2022）第 110212 号

责任编辑：左　雅　　　　　　　特约编辑：田学清
印　　刷：北京东方宝隆印刷有限公司
装　　订：北京东方宝隆印刷有限公司
出版发行：电子工业出版社
　　　　　北京市海淀区万寿路 173 信箱　　邮编：100036
开　　本：787×1092　1/16　　印张：12.75　　字数：326.4 千字
版　　次：2022 年 11 月第 1 版
印　　次：2022 年 11 月第 1 次印刷
定　　价：65.00 元

凡所购买电子工业出版社图书有缺损问题，请向购买书店调换。若书店售缺，请与本社发行部联系，联系及邮购电话：(010) 88254888，88258888。

质量投诉请发邮件至 zlts@phei.com.cn，盗版侵权举报请发邮件至 dbqq@phei.com.cn。
本书咨询联系方式：(010) 88254580，zuoya@phei.com.cn。

PREFACE
前言

　　1987 年，Adobe 公司推出了基于 PostScript 标准的矢量绘图软件——Illustrator 1.0，它因具有灵活的绘图工具、丰富多彩的字体控制深受设计师的喜爱。Adobe 公司经过不断的努力，使 Illustrator 不但成为 Mac 平台上的两大图形处理软件之一，而且逐渐占领了 PC 市场。自 1997 年 4 月 Illustrator 7.0 发布以来，Illustrator 成为一个跨平台的软件，PC 用户和 Mac 用户享有相同的操作界面，并且可以轻松地实现跨平台的文件传递。

　　Illustrator CC 2022 作为 Illustrator 家族中的最新成员，采用了清新典雅的现代化用户界面，提供更顺畅、一致的编辑体验，功能比以前的版本更加强大。

一、本书特点

➢ 实例丰富

　　本书的实例不管是数量还是种类，都非常丰富。从数量上说，本书结合大量的图形图像实例，详细讲解了 Illustrator 的知识要点，让读者在学习案例的过程中潜移默化地掌握 Illustrator 软件操作技巧。

➢ 突出提升技能

　　本书从全面提升实际应用能力的角度出发，结合大量的案例来讲解如何利用 Illustrator 软件进行图形图像处理，使读者了解 Illustrator 并能够独立地完成各种图形图像处理。

　　本书中的很多实例就是图形图像处理项目案例，经过作者精心提炼和改编，不仅保证了读者能够学好知识点，更重要的是能够帮助读者掌握实际的操作技能，同时培养图形图像处理实践能力。

➢ 技能与思政教育紧密结合

　　本书在讲解图形图像处理专业知识的同时，紧密结合思政教育主旋律，从专业知识的角度触类旁通地引导学生相关思政品质的提升。

➢ 项目式教学，实操性强

　　本书的编者都是在高校中从事计算机图形图像、平面设计教学研究多年的一线人员，具有丰富的教学实践经验与教材编写经验，有一些执笔者是国内平面设计图书出版界知名的作者，前期出版的一些相关书籍经过市场检验很受读者欢迎。多年的教学工作使他们能够准确地把握学生的心理与实际需求，本书是作者总结多年的设计经验及教学的心得体会，历时多年的精心准备,力求全面、细致地展现 Illustrator 在绘矢量图应用领域的各种功能和使用方法。

全书采用项目式教学,把图形图像处理知识分解并融入一个个训练项目中,增强了实用性。

二、本书基本内容

全书分为九个项目,全面、详细地介绍了 Illustrator CC 2022 的特点、功能、使用方法和技巧。本书的具体内容为:Illustrator 入门基础、图形的绘制和编辑、路径的应用、图形填充与混合、使用画笔与符号工具、面板的运用、文字处理、效果的应用及制作 LEEKUU 换购卡。

三、关于本书的服务

为了配合各校师生利用此书进行教学,随书附赠多媒体电子资源,内容为书中所有实例的源文件和相关资源,以及软件操作过程的录屏动画,供读者学习时使用,读者可以登录华信教育资源网(http://www.hxedu.com.cn)获取资源。

本书由郑州电子信息职业技术学院谢文彩和张素芳担任主编,由平顶山工业职业技术学院刘田琋、江苏电子信息职业学院陈奕文、郑州幼儿师范高等专科学校郭雨昕担任副主编。由于编者水平有限,书中难免会有不足之处,敬请大家批评指正,以期共同进步。

编　者

2022.10

CONTENTS
目录

项目一
Illustrator 入门基础

1 /	任务 1	图形图像的重要概念
4 /	任务 2	Illustrator 工作界面
14 /	任务 3	文件管理
19 /	任务 4	标尺、参考线和网格
23 /	任务 5	图像的显示
27 /	项目总结	

项目二
图形的绘制和编辑

28 /	任务 1	图形的绘制
37 /	任务 2	图形的管理
41 /	任务 3	图形的基本编辑
55 /	项目总结	
55 /	项目实战	

项目三
路径的应用

58 /	任务 1	路径的建立
61 /	任务 2	路径的编辑
74 /	任务 3	位图与路径的转换
76 /	项目总结	
76 /	项目实战	

Illustrator 平面设计

项目四
图形填充与混合

80 / 任务1　图形的填充
84 / 任务2　上色工具
91 / 任务3　图形的混合
94 / 项目总结
95 / 项目实战

项目五
使用画笔与符号工具

97 / 任务1　画笔的运用
111 / 任务2　符号的运用
117 / 项目总结
118 / 项目实战

项目六
面板的运用

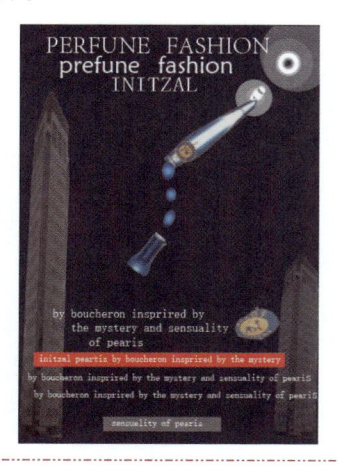

119 / 任务1　"图层"面板
126 / 任务2　"外观"面板
130 / 任务3　"图形样式"面板
132 / 项目总结
133 / 项目实战

项目七

文字处理

134 /	任务 1　字体应用
137 /	任务 2　文本的创建
141 /	任务 3　文字的编辑
152 /	项目总结
152 /	项目实战

项目八

效果的应用

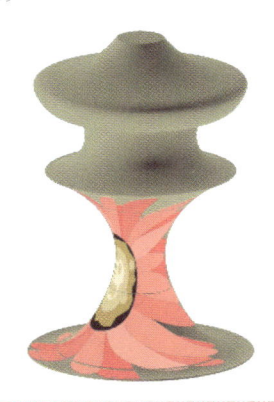

156 /	任务 1　效果概述
157 /	任务 2　效果的使用
180 /	项目总结
180 /	项目实战

项目练习

制作 LEEKUU 换购卡

189 /

项目一

Illustrator 入门基础

思政目标
- 了解 Illustrator 框架，对其应用有较清楚的认识。
- 培养读者善于思考、探索新知识的习惯。

技能目标
- 了解图形图像的重要概念。
- 掌握 Illustrator 工作界面。
- 掌握文件管理。
- 掌握标尺、参考线和网格的运用。

项目导读

学习 Illustrator 需要先掌握它的工作环境，包括界面组成、操作环境、辅助制作功能和工作区定制方法等，使读者对软件有一个直观、整体的印象，对面板、工具等布局有一定的认识。

任务1　图形图像的重要概念

任务引入

小王是一名大学生，最近对画册海报设计产生了兴趣，他了解到 Illustrator 是绘制矢量图形时应用最广泛的软件之一，那么 Illustrator 有哪些特点呢？

知识准备

Illustrator 是 Adobe 公司开发的功能强大的矢量绘图软件。了解关于图形图像的基础知识，有利于学习矢量图形设计软件。

1. 矢量图与位图

计算机图形可以分为两类：一类是矢量图，一类是位图。

矢量图也称为面向对象的图像或绘图图像，在数学上定义为一系列由线连接的点。每个对象都是一个自成一体的实体，可以在维持原有清晰度和弯曲度的同时，多次移动和改变它的属性，而不会影响图像中的其他对象。

位图又称光栅图，一般用于照片品质的图像处理，是由许多像小方块一样的"像素"组成的图形。

2. 颜色模式

在 Illustrator 中常用的颜色模式有 RGB、HSB、CMYK 和灰度，下面介绍这几种颜色模式的概念及每种颜色的运用范围。

1）RGB 颜色模式

RGB 颜色模式是利用红（Red）、绿（Green）和蓝（Blue）三种基本颜色进行颜色加法，配制出肉眼能看见的颜色。颜色由从 0 到 255 的亮度值来表示，可以产生 1 670 余万种颜色，从而增强图像的可编辑性。因为 RGB 颜色合成可以产生白色，也称它们为加色，RGB 颜色模式产生颜色的方法称为加色法。

2）HSB 颜色模式

HSB 颜色模式通过颜色的色相、饱和度、亮度来改变颜色。通常 HSB 颜色模式是由物体本身的固有颜色、颜色的饱和度及色彩的明暗度组成的。

3）CMYK 颜色模式

CMYK 颜色模式是主要应用于印刷的一种颜色模式，C、M、Y、K 分别指青（Cyan）、品红（Magenta）、黄（Yellow）和黑（Black）。该颜色模式对应的是印刷用的四种油墨颜色，将 C、M、Y 三种油墨颜色混合在一起，印刷出来的黑色不是很纯正。因此为了使印刷品为纯正的黑色，将黑色并入了印刷色中，还可以减少其他油墨的使用量。

CMYK 颜色模式与 RGB 颜色模式没有太大的区别，唯一的区别是产生颜色的原理不一样。青色（C）、品红色（M）和黄色（Y）的色素在合成后可以吸收光线，从而产生黑色，产生的这些颜色因此被称为减色，CMYK 颜色模式产生颜色的方法被称为减色法。

4）灰度颜色模式

灰度颜色模式是通过 256 级灰度来表现图像，让图像的颜色过渡更柔和、平滑的。灰度图像的每个像素都有一个 0～255 的亮度值。灰度值也可以用黑色油墨覆盖的百分比来表示（0%表示白色，100%表示黑色）。灰度颜色模式是没有色相的颜色模式，可以与 RGB、HSB 和 CMYK 颜色模式互相转换。

3. 文件输出格式

Illustrator 支持多种文件输出格式，常用的格式有 AI、PDF、EPS、AIT、SVG、JPEG、PSD、TIFF 等，下面介绍这几种格式的特性。

1）AI 格式

AI 格式是 Illustrator 程序生成的文件格式，是 Amiga 和 Interchange File Format 的缩写。这种输出格式能保存 Illustrator 特有的图层、蒙版和透明度等信息，使图形保持可继续编辑性。

2）PDF 格式

Adobe 便携文档格式 PDF 是保留多种应用程序和平台上创建的字体、图像和源文档排版的通用文件格式。PDF 是对电子文档和表单进行安全可靠的分发和交换的全球标准。Adobe PDF 文件小而完整，任何使用免费 Adobe Reader®软件的人都可以对其进行共享、查看和打印。此外，Adobe PDF 可以保留所有 Illustrator 数据，能够在 Illustrator 中重新打开文件而不丢失数据。

3）EPS 格式

EPS 格式是一种应用非常广泛的图像输出格式，可以同时包含矢量图形和位图图形，而且几乎所有的图形、图标和页面程序都支持该文件格式。因此，EPS 格式常用于在应用程序之间传递 PostScript 语言图片，在 Illustrator 和 CorelDraw 等矢量绘图软件中编辑图像，相互进行导入和输出时，经常用到该格式。当 Illustrator 打开包含矢量图形的 EPS 文件时，将自动栅格化图像，将矢量图形转换为像素。

EPS 格式支持 LAB、CMYK、RGB、灰度等颜色模式，但不支持 Alpha 通道。

4）AIT 格式

AIT（Adobe Illustrator Template）格式即 Illustrator 模板格式，这种输出格式能创建可共享通用设置和设计元素的新文档。Illustrator 提供了许多模板，包括信纸、名片、信封、小册子、标签、证书、明信片、贺卡和网站等模板。

5）SVG 格式

SVG 格式是一种矢量图形格式，也是一种压缩格式，可以使图像任意放大显示但不会丢失图像的细节。

SVG 格式将图像描述为形状、路径、文本和滤镜效果，生成的文件很紧凑，它在 Web 上、印刷媒体上甚至资源十分有限的手持设备中都可以提供高质量的图形。用户无须牺牲锐利程度、细节或清晰度，即可在屏幕上放大 SVG 图像的视图。此外，SVG 格式提供对文本和颜色的高级支持，确保用户看到的图像和在 Illustrator 画板上显示的一样。

6）JPEG 格式

JPEG 格式是较常用的一种图像输出压缩格式，采用有损压缩方式来压缩图像，因此在图像显示时会丢失某些细节。

在将其他文件格式保存为 JPEG 格式时，可以选择图像压缩的级别，级别越高得到的图像品质越低，得到的文件也越小。

7）PSD 格式

PSD 格式是由 Photoshop 生成的文件格式，可以保存多个制作信息，因此该格式存储的文件也比较大。Illustrator 支持大部分 Photoshop 数据，包括图层复合、图层、可编辑文本和路径等。在 Photoshop 和 Illustrator 间传输文件，可以使用"打开"命令、"置入"命令、"粘贴"命令和拖放功能将图稿从 Photoshop（PSD）文件带入 Illustrator 中。

8）TIFF 格式

TIFF 格式是在印刷和设计软件中应用较多的一种储存格式，支持多平台、多样压缩算法和多种色彩，并且能通过预览工具直接预览图形效果。

Illustrator 平面设计

TIFF 格式支持具有 Alpha 通道的 CMYK、RGB、LAB 和灰度模式图像，以及无 Alpha 通道的位图模式图像。同时，各种输出软件都支持 TIFF 格式图像文件的分色输出，因此 TIFF 格式常用于输出和印刷。

任务 2　Illustrator 工作界面

任务引入

小王想要熟练使用 Illustrator，必须先了解其操作界面，只有对操作界面有了宏观认识，才能更好、更快地做出设计效果。那么，Illustrator 的工作界面包含哪些组成部分呢？各组成部分主要实现什么操作呢？

知识准备

Illustrator 2022 的工作界面简单明了，易于操作，主要由标题栏、菜单栏、工具箱、控制面板、面板、页面区域和状态栏等部分组成，如图 1-1 所示。

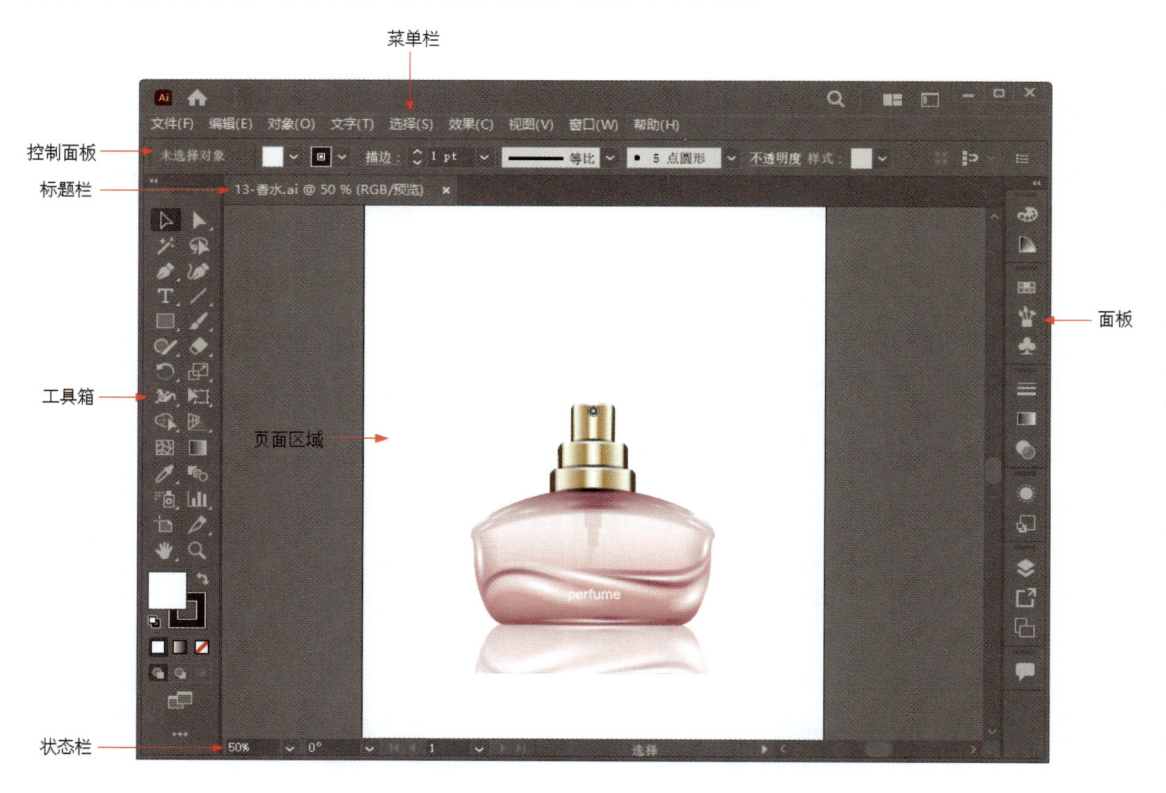

图 1-1　Illustrator 2022 的工作界面

- 标题栏：标题栏的左侧是当前运行程序的名称，右侧是控制窗口的按钮。
- 菜单栏：Illustrator 包括九个主菜单，这些菜单控制所有图形文件的编辑和操作命令。
- 工具箱：含有 Illustrator 的图像绘制工具及图像的编辑工具，大部分工具还有展开式工具栏，其中包括与该工具类似的工具。
- 面板：使用面板可以快速调出许多设置数值和调节功能的对话框，是 Illustrator 重要的组件之一。面板是可以折叠的，能够根据需要隐藏或展开，具有一定的灵活性。
- 控制面板：控制面板是面板之一。用户可以通过该面板快速访问与所选对象相关的选项，显示的选项因所选对象或工具类型而异。
- 页面区域：指在工作界面中以黑色实线表示的矩形区域，这个区域的大小就是用户设置的页面大小。
- 状态栏：显示当前文档视图的显示比例、工具状态等信息。

1. 菜单栏

Illustrator 菜单栏的功能强大，内容繁多，由九个主菜单组成，如图 1-2 所示。

文件(F)　编辑(E)　对象(O)　文字(T)　选择(S)　效果(C)　视图(V)　窗口(W)　帮助(H)

图 1-2　Illustrator 菜单栏

主菜单栏的功能分别如下。
- 文件："文件"菜单是一个集成文件操作命令的菜单，在此可以执行新建、打开、保存文件和设置页面尺寸等命令。
- 编辑："编辑"菜单中的命令主要用于对对象进行编辑操作，包括对文件进行复制、剪切、粘贴，以及图像的颜色设置等功能命令。另外，还可以在此选择相关命令设置 Illustrator 的性能参数。
- 对象："对象"菜单是一个集成了大多数对矢量路径进行操作的命令菜单，包括文件的变换、排列、编组、扩展、路径等命令。
- 文字："文字"菜单是 Illustrator 的核心功能之一，包括字号、字体、查找和替换、拼写检查、排版等文字命令。
- 选择："选择"菜单包括对文件执行的全选、取消选择、相同、储存所选对象等命令。
- 效果："效果"菜单的命令不改变对象的结构实质，只改变对象的外观。
- 视图："视图"菜单的命令用于改变当前操作图像的视图，包括众多辅助绘图的功能命令，如放大、缩小、显示标尺、网格等命令。
- 窗口："窗口"菜单用于排列当前操作的多个文档或布置工作空间，包括面板的显示和隐藏命令，可以根据需要选择显示面板。
- 帮助："帮助"菜单包括解决以上菜单、工具栏、面板的功能和使用方法的命令，以及 Illustrator 的相关信息。

每个主菜单栏下包含相应的子菜单，例如，选择"选择"菜单，会弹出如图 1-3 所示下拉菜单。下拉菜单栏的左边是命令的名称，在经常使用的命令右边显示该命令的快捷键，使用快捷键能够有效地提高制图效率。

子菜单中有些命令的右边有一个三角形图标 ▸，表示该命令还有相应的子菜单，选中该命令即可弹出其下拉菜单，如图 1-3 所示。

如果命令呈现灰色，则表示该命令在当前状态下不可用，当选择相应对象或进行相应设置时，该命令会显示出可用状态。

2. 工具箱

Illustrator 的工具箱包括大量具有强大功能的工具，有些工具的右下角带有一个灰色的三角形，表示该工具还有展开工具组。用鼠标按住该工具不放，即可弹出展开工具组。例如，用鼠标按住"矩形工具"，将展开矩形工具组。单击展开工具组右边的三角形，可以将展开工具组拖出，如图1-4所示。

如果单击工具箱顶部的按钮，则可以切换工具箱的显示状态，使工具箱的工具分1列排列或分2列排列，如图1-5所示，方便用户根据显示器大小和分辨率来显示工具箱，优化工作区。

图1-3 "选择"下拉菜单

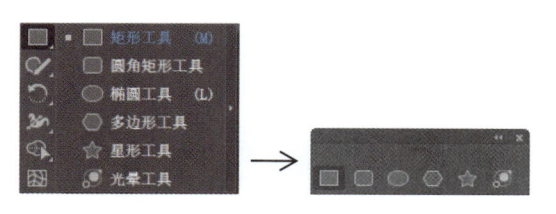

图1-4 展开并拖出矩形工具组

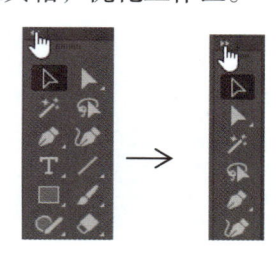

图1-5 切换工具箱的显示状态

下面分别简要介绍工具箱中的各个工具。

1）选择工具组

选择工具组是Illustrator中使用频率最高的一个工具组，因为只有在被选取的情况下才能对图像执行相应命令。

"选择工具"：使用该工具可以选择一个对象，或者配合使用Shift键可以同时选择多个对象。

"直接选择工具"：使用该工具可以选择一个或多个路径的锚点，选中锚点后可以改变其形状和位置。被选中的锚点为实心状态，没有被选中的锚点为空心状态。

"编组选择工具"：使用该工具可以在不解除图形群组的前提下，对群组的单个图形进行选择。

"魔棒工具"：使用该工具可以基于图形的填充色、边线的颜色、线条的宽度来进行选择。

"套索工具"：如果使用该工具选择图形，那么只有选择区域内的图形才能被激活。

2）绘图工具组

绘图工具组的工具主要用于绘制图形和线段，以及编辑各种路径锚点等。

"钢笔工具"：使用该工具可以绘制直线或曲线路径，从而达到创建图形的目的。

"添加锚点工具"：使用该工具可以在被选中的路径上添加锚点，从而对图形进行更细致的修改和编辑。

"删除锚点工具"：使用该工具可以在被选中的路径上删除锚点，从而改变图形的形状。

"转换锚点工具"：使用该工具可以在光滑锚点和尖突锚点之间进行转换。

"曲率工具"：使用该工具可以使用平滑点和锚点来绘制和编辑路径和形状。

"直线段工具"：该工具用来绘制直线，同时按住 Shift 键即可绘制 45°的直线。

"弧线工具"：该工具用来绘制弧线。

"螺旋线工具"：使用该工具能绘制顺时针或逆时针的旋转形状。

"矩形网格工具"：该工具用来绘制矩形网格。

"极坐标网格工具"：该工具用来绘制类似于同心放射圆的图形。

"矩形工具"：该工具用来绘制矩形。

"圆角矩形工具"：该工具用来绘制圆角矩形，圆角的半径可根据需要调节。

"椭圆工具"：该工具用来绘制椭圆形。

"多边形工具"：该工具用来绘制多边形，边数和半径可根据需要进行设置。

"星形工具"：该工具用来绘制星形，角点数可根据需要进行设置。

"光晕工具"：该工具用来绘制光晕。

"铅笔工具"：该工具用来绘制或编辑手绘路径线条。

"平滑工具"：该工具用来删除多余的节点，并且在保持整体形状的前提下使曲线更加光滑。

"路径橡皮擦工具"：该工具用于删除图形的路径和节点。

"连接工具"：该工具作用于钢笔、规则图形工具创建的未封闭路径之上。

3）文字工具组

文字工具组的工具主要用于输入文本，以及编辑文本路径、走向和各种效果。

"文字工具"：使用该工具可以置入插入点并输入横排文字或文本块。

"区域文字工具"：使用该工具可以将封闭的路径转换为文本容器，从而通过输入得到形状各异的文本块。

"路径文字工具"：使用该工具可以将路径转换为文字路径，并在路径中输入文本。

"直排文字工具"：使用该工具可以创建垂直排列的文字或文本块。

"直排区域文字工具"：使用该工具可以将封闭的路径转换为垂直路径容器，并输入文本。

"直排路径文字工具"：使用该工具可以将路径转换为垂直文字路径，并在路径中输入文本。

"修饰文字工具"：使用该工具可以对单个字符进行选择、移动和修改。

4）上色工具组

上色工具组的工具主要用于对已经绘制好的图形内部进行颜色或画笔的填充。

"画笔工具"：使用该工具可以按照手绘方式绘制路径，当用"选择工具"点选该路径时，显示中心的一条路径，每画一笔自动生成一个路径，并直接为路径添加艺术笔刷效果。

"斑点画笔工具"：使用该工具按照手绘方式绘制路径后，当用"选择工具"点选该路径时，该线是有外轮廓路径的，也就是由面组成的一条线，并且相交的线会自动合并到一个路径中。

"形状生成器工具"：使用该工具无须访问多个工具和面板，就可以在画板上直观地合并、编辑和填充形状。

Illustrator 平面设计

"实时上色工具"：使用该工具可以按当前的上色属性绘制"实时上色"组的表面和边缘。

"实时上色选择工具"：使用该工具可以选择"实时上色"组中的表面和边缘。

"透视网格工具"：该工具支持在真实的透视图平面上直接绘图，在精准的 1 点、2 点或 3 点直线透视中绘制形状和场景，创造出真实的景深和距离感。

"透视选区工具"：使用该工具可以在透视中选择对象、文本和符号，以及在垂直方向上移动对象。

"网格工具"：使用该工具可以填充多种渐变颜色的网格。

"渐变工具"：使用该工具可以调整对象中的渐变起点、终点及渐变方向。

"吸管工具"：使用该工具可以在操作对象上进行属性采样操作。

"度量工具"：使用该工具可以测量两点之间的距离和角度。

5）变形工具组

变形工具组主要针对需要编辑的图像进行缩放、旋转、扭曲变形等操作。

"旋转工具"：使用该工具可以控制对象旋转。

"镜像工具"：使用该工具可以沿着固定轴镜像翻转对象。

"比例缩放工具"：使用该工具可以围绕固定点对操作对象进行缩放操作。

"倾斜工具"：使用该工具可以围绕固定点对操作对象进行倾斜变换。

"整形工具"：使用该工具可以在保留整体的前提下，平滑和改变对象的路径。

"宽度工具"：使用该工具可以拉伸线的宽度，将鼠标指针移动到线上将显示边线和宽度数值。

"变形工具"：使用该工具可以使对象按手指图标拖动的方向发生弯曲变化。

"旋转扭曲工具"：使用该工具可以在对象的内部制作旋转变形效果。

"缩拢工具"：使用该工具可以使操作对象因向内紧缩而发生变形。

"膨胀工具"：使用该工具可以使操作对象产生向外膨胀的效果。

"扇贝工具"：使用该工具可以使操作对象的边缘产生锯齿，从而得到变形效果。

"晶格化工具"：使用该工具可以使操作对象的局部形成尖角的变形效果。

"皱褶工具"：使用该工具可以使操作对象的边缘整体产生褶皱变形效果。

"自由变换工具"：使用该工具可以对对象进行缩放、旋转、倾斜等相关变换操作。

"混合工具"：使用该工具可以在多个对象之间创建颜色和形状的混合效果。

6）符号工具组

符号工具组主要用于对符号进行创建、移动、风格化等处理。

"符号喷枪工具"：使用该工具可以在"符号"面板上选定一个符号，并将其喷绘到工作页面中。

"符号移位器工具"：使用该工具可以移动符号的位置。

"符号紧缩器工具"：使用该工具可以将符号沿光标点进行扩散或聚集。

"符号缩放器工具"：使用该工具可以对符号进行缩放操作。

"符号旋转器工具"：使用该工具可以对符号进行旋转操作。

"符号着色器工具"：使用该工具可以用前景色为当前操作的符号进行着色。

"符号滤色器工具"：使用该工具可以降低符号的透明度。

"符号样式器工具" ![图标]：使用该工具可以把在"样式"面板中选择的样式赋予当前的操作符号。

7）图表工具组

通过图表工具组可以创建出不同风格和作用的统计图表图形。

"柱形图工具" ![图标]：使用该工具可以生成柱状图表。

"堆积柱形图工具" ![图标]：使用该工具可以生成叠加的柱状图表。

"条形图工具" ![图标]：使用该工具可以生成水平走向的柱状图表。

"堆积条形图工具" ![图标]：使用该工具可以生成叠加的水平走向的柱状图表。

"折线图工具" ![图标]：使用该工具可以生成显示一个或多个物体的变化趋势的图表。

"面积图工具" ![图标]：使用该工具可以生成显示总量之和变化值的图表。

"散点图工具" ![图标]：使用该工具可以生成 X 坐标和 Y 坐标相互对应的图表。

"饼图工具" ![图标]：使用该工具可以生成划分为饼状的圆形图表。

"雷达图工具" ![图标]：使用该工具可以生成雷达形状的图表。

8）切片工具组和剪刀工具组

切片工具组和剪刀工具组主要针对网络应用和比较大的图形图像进行裁剪和分割，使上传到网络上的图片的浏览速度得到提升。

"画板工具" ![图标]：使用该工具可以选择指定的区域进行打印或导出。

"切片工具" ![图标]：使用该工具可以制作切片。

"切片选择工具" ![图标]：使用该工具可以对切片进行选择。

"橡皮擦工具" ![图标]：使用该工具可以擦除拖动到的任何对象区域。

"剪刀工具" ![图标]：使用该工具可以对路径进行分割处理操作。

"美工刀工具" ![图标]：使用该工具可以对路径进行切分处理操作。

9）移动和缩放工具组

通过移动和缩放工具组可以对视图进行移动，并设置缩放显示等。

"抓手工具" ![图标]：使用该工具可以在工作区域进行视图的移动。

"旋转视图工具" ![图标]：使用该工具可以旋转画布视图。

"打印拼贴工具" ![图标]：使用该工具可以调整页面的辅助线。

"缩放工具" ![图标]：使用该工具可以增加或减少页面的显示倍数。

10）其他工具组

工具箱底部的工具如图 1-6 所示。

- "填色" ![图标]：使用该工具可以为选定的对象填充颜色、渐变、纹理和透明色。
- "描边" ![图标]：使用该工具可以定义选定的对象描边颜色和风格。
- "默认填色和描边" ![图标]：使用该工具可以恢复默认的描边和填充颜色状态。
- "互换填色和描边" ![图标]：使用该工具可以切换填充和描边的颜色。
- "颜色填充" ![图标]：使用该工具可以将选定的对象以单色的方式进行填充。

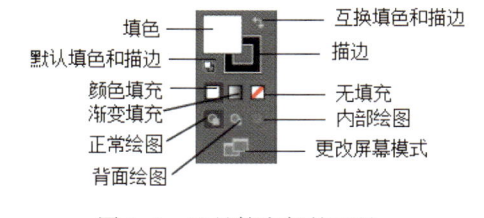

图 1-6 工具箱底部的工具

Illustrator 平面设计

- "渐变填充"：使用该工具可以将选定的对象以渐变颜色进行填充。
- "无填充"：使用该工具可以移除选定对象的填充。
- "正常绘图"：这是默认的绘图模式，可以使用 Shift+D 组合键在绘图模式中循环。
- "背面绘图"：允许在没有选择画板的情况下，在所选图层上的所有画板背面绘图。如果选择了画板，则新对象将直接在所选对象下面绘制。
- "内部绘图"：允许在所选对象的内部绘图。内部绘图模式消除了执行任务时需要的多个步骤，例如，绘制和转换堆放顺序，或者绘制、选择和创建剪贴蒙版。
- "更改屏幕模式"：单击该工具将弹出快捷菜单，选择屏幕模式可以将视图转换为相应的显示模式。可以选择的屏幕模式包括以下四种：

（1）演示文稿模式：将图稿显示为演示文稿，应用程序菜单、面板、参考线和框边处于隐藏状态。

（2）正常屏幕模式：在正常窗口中显示图稿，菜单栏位于窗口顶部，滚动条位于侧面，显示文档窗口。

（3）带有菜单栏的全屏模式：在全屏窗口中显示图稿，有菜单栏，但没有文档窗口。

（4）全屏模式：在全屏窗口中显示图稿，不带标题栏或菜单栏，使操作者拥有最大的工作区。

3. 面板

Illustrator 为我们提供了几十个面板，可以在菜单栏的"窗口"菜单中选择需要显示面板的名称。

常用面板的功能如下。

1）"SVG 交互"面板

SVG 交互是为网络设计的基于文本的图像格式。该面板可以升级矢量图形，创建高质量的交互式网页，并控制 SVG 对象的交互特性，面板如图 1-7 所示。

2）"信息"面板

该面板可以使用组合键 Ctrl+F8 打开，用来显示当前对象的大小、坐标及色彩等信息，面板如图 1-8 所示。

3）"动作"面板

该面板是将用户在绘图过程中使用的所有工具、命令及操作步骤录制在动作中，当以后对其他图像执行相同的操作时，在"动作"面板中播放动作就可以完成处理，大大提高了工作效率。这种操作通常使用在大批量的图形编辑中，面板如图 1-9 所示。

图 1-7 "SVG 交互"面板 　　图 1-8 "信息"面板 　　图 1-9 "动作"面板

4)"变换"面板

该面板可以使用组合键 Shift+F8 打开，如图 1-10 所示，可以通过数值的设置精确地调整对象的大小、角度、位置及对齐像素网格等。

5)"图层"面板

按快捷键 F7 可以打开"图层"面板，如图 1-11 所示。该面板用来管理和安排图形对象，为绘制复杂图形带来方便。用户可以通过控制该面板来管理当前文件中的所有图层，完成对图层的新建、移动、删除、选择等操作。

6)"图形样式"面板

按组合键 Shift+F5 可以打开"图形样式"面板，如图 1-12 所示。单击面板中预设的图形样式，能够将该样式应用到当前选择的图形中，从而改变图形的外观表现效果。

图 1-10 "变换"面板　　图 1-11 "图层"面板　　图 1-12 "图形样式"面板

7)"外观"面板

按组合键 Shift+F6 可以打开"外观"面板，如图 1-13 所示。该面板显示当前对象的外观属性，如描边、填色、不透明度等。

8)"对齐"面板

按组合键 Shift+F7 可以打开"对齐"面板，如图 1-14 所示。当选取多个对象时，该面板可以使所选对象沿指定的轴分散或对齐。

图 1-13 "外观"面板　　图 1-14 "对齐"面板

9)"描边"面板

按组合键 Ctrl+F10 可以打开"描边"面板，如图 1-15 所示。该面板主要用于文字、绘图笔画大小的设置。

Illustrator 平面设计

10)"文字"命令中的面板

执行"窗口"→"文字"命令,可以看到"文字"命令的扩展菜单中有"Open Type"、"制表符"、"字形"、"字符"、"字符样式"、"段落"和"段落样式"命令,如图1-16所示。

(1)OpenType:该面板中包含众多的字符,如不同语种、少数民族文字等特殊的字符符号。按组合键 Alt+Shift+Ctrl+T 可以打开"OpenType"面板。

(2)制表符:按组合键 Shift+Ctrl+T 可以打开"制表符"面板,使用该面板可以对文字进行缩排定位。

(3)字形:双击"字形"面板显示框中的字形,可以将所选字形插入视图中,或者替换当前所选字形。

图1-15 "描边"面板

(4)字符:在该面板中可以对字体、字符、字间距、角度、行距、基线位置等进行设置,如图1-17所示。

(5)字符样式:在该面板中可以设置字符样式。

图1-16 "文字"命令 　　　　　　　图1-17 "字符"面板

(6)段落:在编辑多段落文字时,在"段落"面板中可以设置段落的对齐、缩进、行距等,如图1-18所示。

(7)段落样式:在该面板中可以设置段落的样式,还可以将用户设置的段落样式应用到其他文本中。

11)"渐变"面板

按组合键 Ctrl+F9 可以打开"渐变"面板,如图1-19所示,在此可以设置渐变颜色、类型、角度和位置等相关属性。

图1-18 "段落"面板 　　　　　　　图1-19 "渐变"面板

12）"画笔"面板

按快捷键 F5 可以打开"画笔"面板，如图 1-20 所示。在该面板中可以存储程序中默认的画笔及用户自定义的画笔，能够完成新建、编辑和删除画笔等操作。

13）"符号"面板

按组合键 Shift+Ctrl+F11 可以打开"符号"面板，如图 1-21 所示。在该面板中可以存储程序中默认的符号及用户自定义的符号，并对符号进行添加、删除和应用等操作。

14）"色板"面板

在"色板"面板中可以存储默认的和用户自定义的颜色、渐变和图案，并可以对这些颜色进行添加、删除和应用等操作，如图 1-22 所示。

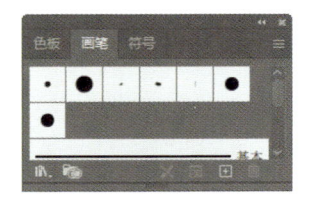

图 1-20　"画笔"面板　　　图 1-21　"符号"面板　　　图 1-22　"色板"面板

15）"路径查找器"面板

按组合键 Shift+Ctrl+F9 可以打开"路径查找器"面板，如图 1-23 所示。该面板中有多个路径操作命令按钮，可以完成组合路径、分离路径和拆分路径等操作。

16）"透明度"面板

按组合键 Shift+Ctrl+F10 可以打开"透明度"面板，如图 1-24 所示。在该面板中可以调整对象的不透明度，设置混合模式，以及制作不透明蒙版。

17）"颜色"面板

按快捷键 F6 可以打开"颜色"面板，如图 1-25 所示。在"颜色"面板的扩展菜单中可以选择 CMYK、RGB、HSB 等颜色模式，也可以直接对所选择模式的颜色进行修改，并将其应用到操作对象的填充色及描边上。

图 1-23　"路径查找器"面板　　　图 1-24　"透明度"面板　　　图 1-25　"颜色"面板

4. 状态栏

状态栏位于 Illustrator 窗口底部的左侧，如图 1-26 所示。状态栏左侧的百分比表示当前文档的显示比例，在下拉菜单中可以根据用户的需要选择合适的显示比例；右侧显示画板导航；单击"选择"按钮，弹出的菜单显示当前使用的画板名称、当前使用的工具、当前日期和时间、文件操作的还原次数及文档颜色配置文件。选择"显示"子菜单中的选项，可以更

Illustrator 平面设计

改状态栏中显示信息的类型；选择"在 Bridge 中显示"子菜单，可以在 Adobe Bridge 中显示当前文件。

图 1-26　状态栏

任务 3　文件管理

任务引入

小王已经对 Illustrator 的操作界面有了初步认识。那么，怎么开始创建文件？怎么将做好的设计文件保存到指定位置？怎么打开已有的 Illustrator 文件？怎么置入素材文件？

知识准备

1. 新建文件

用户在使用 Illustrator 绘制图形时首先需要新建文件，下面详细讲解新建文件的方法，以及"新建文档"对话框中各个选项的含义。

（1）启动 Illustrator。

（2）执行"文件"→"新建"命令，打开"新建文档"对话框，如图 1-27 所示。

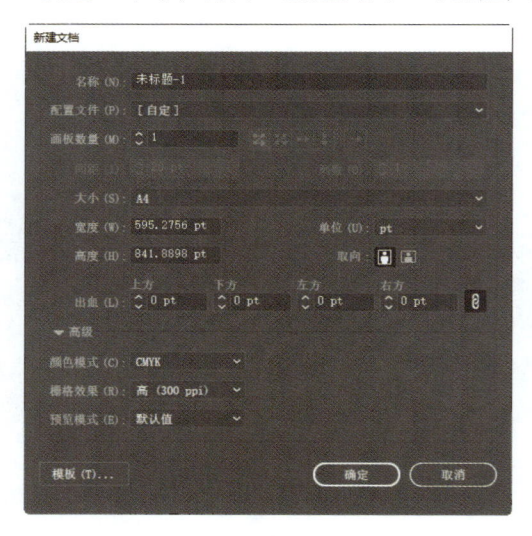

图 1-27　"新建文档"对话框

各个选项的功能如下。

- 名称：在该文本框中输入新建文件的名称，程序默认的名称为"未标题-1"。
- 配置文件：文档是指可以在其中创建图稿的空间，用户可以基于所需的输出来选择新的文档配置文件，以启动新文档。每个配置文件都包含不同的大小、颜色模式、单位、方向、透明度及分辨率的预设值。
- 画板数量：在此可以设置画板的数量。在 Illustrator 中，可以在一个画布上创建高达 1000 个画板，因此可以在一个文档中处理更多内容。
- 大小：在其下拉菜单中可以选择程序预设的文档尺寸，如"A3""A4""B5"等。
- 宽度/高度：设置文件的宽度和高度，在文本框中输入数值进行自定义设置。
- 单位：设置文件的单位，系统默认的单位为"毫米"。
- 取向：设置页面的竖向排列或横向排列，按钮表示竖向排列，按钮表示横向排列。
- 出血：在印刷行业中，因为裁切印刷品使用的工具为机械工具，所以裁切位置并不十分准确。为了解决因裁切不准确而带来的印刷品边缘出现非预想颜色的问题，一般设计师会在图片裁切位置的四周加上 2～4mm 的预留位置"出血"，以确保成品效果的一致。
- 颜色模式：设置文档的颜色模式。如果创建的文件在网上发布，可以选择 RGB 颜色模式；如果创建的文件需要打印输出，应该选择 CMYK 颜色模式。
- 栅格效果：设置文档中栅格效果的分辨率。如果文档需要以较高的分辨率输出到高端打印机时，将此选项设置为"高"尤为重要。
- 预览模式：设置文档的默认预览模式，可以选择以下三个选项。
  - 默认值：以彩色模式显示在文档中的图稿，在进行放大操作或缩小操作时将保持曲线的平滑度。
  - 像素：显示具有栅格化（像素化）外观的图稿。实际上，该模式不会真正对内容进行栅格化，而是显示模拟的预览。
  - 叠印：提供"油墨预览"打印效果，模拟混合、透明和叠印在分色输出中的显示效果。

2. 打开文件

用户使用 Illustrator 处理图像文件时首先需要打开该文件，下面讲解打开图像文件的步骤。
（1）启动 Illustrator。
（2）执行菜单"文件"→"打开"命令，弹出"打开"对话框。
（3）在计算机相应路径下选择需要打开的图像文件，如图 1-28 所示。

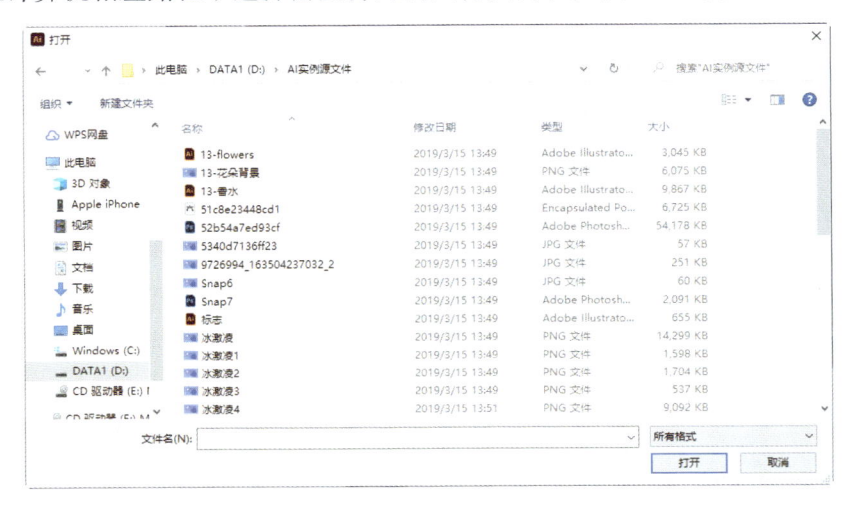

图 1-28　选择图像文件

（4）单击"打开"按钮，Illustrator 的页面区域即显示打开的图像文件，如图 1-29 所示。

图 1-29　打开的图像文件

3. 置入文件

置入文件主要置入使用"打开"命令不能打开的图像文件，它可以将 26 种格式的图像文件置入 Illustrator 程序中。文件可以以嵌入或链接的形式被置入，也可以作为模板文件置入。

下面通过置入一个 PDF 文件详细讲解操作步骤。

（1）启动 Illustrator，新建一个文档。

（2）执行"文件"→"置入"命令，打开如图 1-30 所示"置入"对话框。

"置入"对话框的下方有四个置入方式选项，下面对部分选项的功能进行介绍。

- 链接：选择该复选框，被置入的图像文件与 Illustrator 文档保持独立。当链接的源文件被修改时，置入的链接文件也会自动更新修改。
- 模板：选择该复选框，能将置入的图像文件创建为一个新的模板，并用图像的文件名称为该模板命名。
- 替换：选择该复选框，在置入图像文件之前，如果页面中含有被选取的图形，则将使新置入的图像替换被选中的图像；如果页面中没有图形处于被选取状态，则此选项不可用。

（3）选择"显示导入选项"复选框，并在计算机中选择一个 PDF 文件。

（4）单击"置入"按钮，弹出如图 1-31 所示"置入 PDF"对话框，可以通过"裁剪到"选项指定裁剪图稿的方式。"裁剪到"选项的下拉菜单中有以下六个选项。

- 边框：置入 PDF 页的边框或包围页面中对象的最小区域，包括页面标记。
- 作品框：将 PDF 仅置入作者创建的矩形所定义的区域中，作为可置入图稿，如剪贴画。
- 裁剪框：将 PDF 仅置入 Adobe Acrobat 显示或打印的区域中。
- 裁切框：标识制作过程中将物理裁切到最终制作页面的地方。
- 出血框：仅置入表示应剪切所有页面内容的区域。

- 媒体框：置入表示原 PDF 文档物理纸张大小的区域，如 A4 纸的尺寸，包括页面标记。

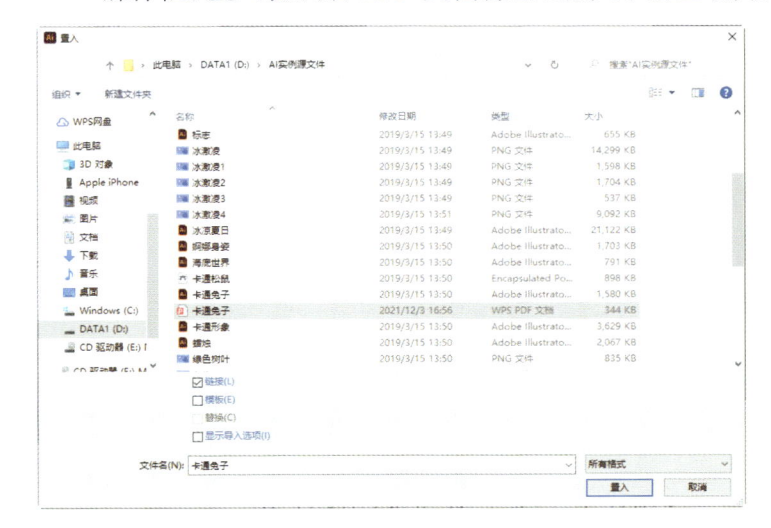

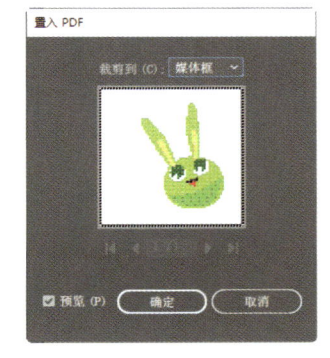

图 1-30　"置入"对话框

图 1-31　设置置入选项

在"裁剪到"选项的下拉菜单中选择"边框"选项，单击"确定"按钮，Illustrator 的页面区域即显示置入的 PDF 文件的第 1 页。

4．保存文件

在 Illustrator 中绘制图形后，需要将文件保存在计算机的相应路径下。下面详细讲解保存文件的方法。

（1）执行"文件"→"存储"命令，弹出如图 1-32 所示"存储为"对话框。

（2）在"文件名"文本框中输入导出的文件名称，在"保存类型"下拉菜单中选择"Adobe Illustrator（*.AI）"格式，并选择在计算机中的导出路径。单击"保存"按钮，弹出如图 1-33 所示"Illustrator 选项"对话框。

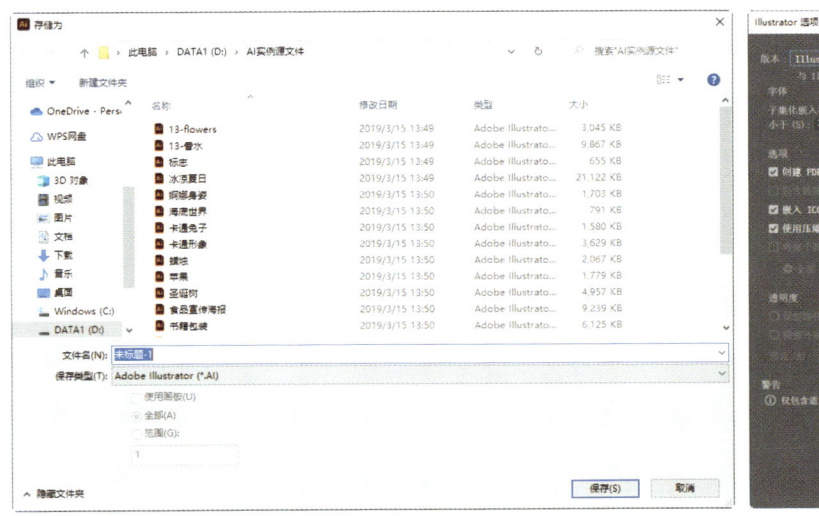

图 1-32　"存储为"对话框

图 1-33　"Illustrator 选项"对话框

Illustrator 平面设计

（3）设置 Illustrator 存储选项后，单击"确定"按钮，这样就把文件存储到计算机的相应路径下了。

如果需要保存经过二次编辑的图像文件，并保存原文件，则可以使用"存储为"或"存储副本"命令。

（1）执行"文件"→"存储为/存储副本"命令，弹出"存储为/存储副本"对话框。在这个对话框中可以为文件重命名，并设置文件的保存路径和存储格式。如果执行"存储副本"命令，则自动为文件重命名。

（2）单击"保存"按钮，弹出"Illustrator 选项"对话框。设置 Illustrator 存储选项后，单击"确定"按钮。这样，原文件不变，编辑过的文件被重命名并另存为一个副本。

5. 输出文件

使用"导出"命令，可以将在 Illustrator 中绘制的图形导出为其他格式的文件，这样能在其他软件中继续进行编辑处理。

下面通过导出一个 PSD 文件实例详细讲解导出文件的步骤。

（1）启动 Illustrator，打开一个图像文件。

（2）执行"文件"→"导出"命令，打开如图 1-34 所示"导出"对话框。

（3）在"文件名"文本框中输入导出的文件名称，在"保存类型"下拉菜单中选择"Photoshop（*.PSD）"格式，并选择在计算机中的导出路径。单击"导出"按钮，弹出如图 1-35 所示"Photoshop 导出选项"对话框。

（4）设置颜色模型、分辨率等选项后，单击"确定"按钮，就把文件导出到计算机的相应路径下。再次启动 Photoshop，就可以打开刚导出的 PSD 文件进行编辑。

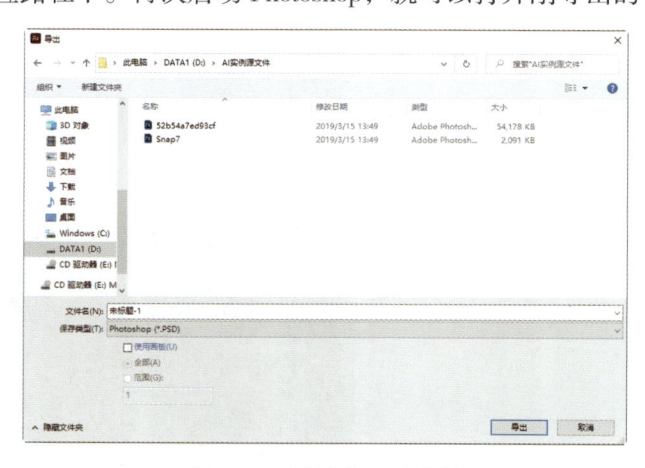

图 1-34　"导出"对话框　　　　　　　　图 1-35　设置导出选项

6. 还原文件和恢复文件

Illustrator 具有强大的还原功能，在出现操作错误时，可以根据需要执行"编辑"→"还原"命令来重新编辑文档。在默认情况下，可以还原操作的最小次数为 5 次。如果需要恢复到还原前的图像效果，可以执行"编辑"→"重做"命令再次返回操作。

除了可以使用"还原/重做"命令修改错误，还可以执行"文件"→"恢复"命令将文档恢复到最近保存的版本。

任务 4　标尺、参考线和网格

任务引入

小王想设计一本画册，需要设置图画的尺寸和位置，通过学习 Illustrator，可以运用标尺和参考线进行定位。那么，怎样显示标尺和参考线？怎样进行编辑？

知识准备

1．使用标尺

在 Illustrator 中使用标尺可以帮助用户对操作对象进行测量和定位。标尺在 Illustrator 图像窗口的顶部和左部。

1）显示或隐藏标尺

执行"视图"→"标尺"→"显示标尺"命令，可以显示标尺；则执行"视图"→"标尺"→"隐藏标尺"命令，可以隐藏标尺。

2）改变标尺单位

在默认情况下，标尺的单位是毫米。如果需要改变默认的标尺单位，则执行"编辑"→"首选项"→"单位"命令，在弹出的"首选项"对话框中将"常规"设置为其他单位，如图 1-36 所示。单击"确定"按钮，标尺单位将变为刚设置的新单位。

改变当前操作文档标尺单位更快捷的操作方式：在文档标尺上右击，弹出如图 1-37 所示快捷菜单，选择需要的标尺单位即可。

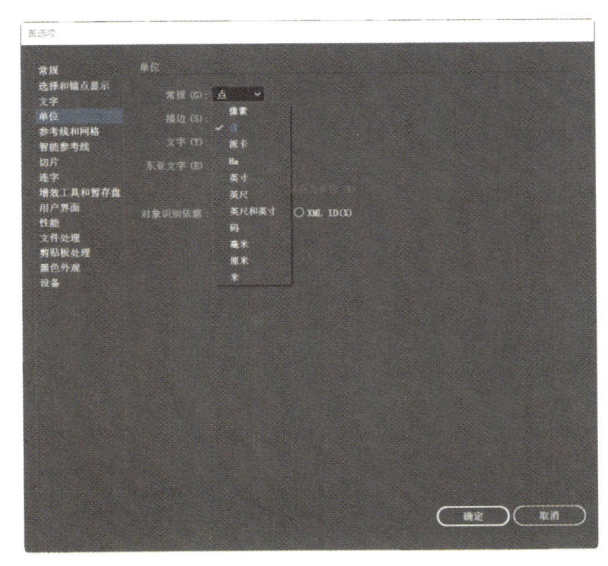

图 1-36　设置标尺单位　　　　图 1-37　标尺单位的快捷菜单

3）改变标尺原点

在默认情况下，标尺的原点在视图的左下角，根据用户的需要可以改变标尺原点的位置。

Illustrator 平面设计

改变标尺原点位置的操作步骤如下。

（1）将鼠标指针置于顶部标尺和左侧标尺的交界处，单击，这时鼠标指针将变为一个十字光标。

（2）按住鼠标左键，并向视图内拖动鼠标，这时将显示一个"+"相交线。

（3）将"+"相交线拖动到需要设置为新原点的位置后释放鼠标，这样就重新定义了标尺原点的位置。

（4）如果需要重新设置标尺原点到系统默认位置，双击标尺交界的位置即可完成操作。

2．使用参考线

参考线能帮助用户对齐并准确放置对象，它可以从标尺中拖出，也可以通过图像中的路径来制作，如直线、圆形及其他各种形状。

1）创建参考线

由标尺创建参考线的详细操作步骤如下。

（1）执行"编辑"→"首选项"→"参考线和网格"命令，在弹出的"首选项"对话框中可以设置参考线的颜色和样式，如图1-38所示。

- 颜色：在该选项的下拉菜单中可以设置参考线的颜色。
- 样式：在该选项的下拉菜单中可以设置参考线的形状为直线或点线。

（若跳过此步骤，则参考线的颜色和样式保持系统默认设置）

（2）执行"视图"→"显示标尺"命令，显示标尺。

（3）执行"视图"→"参考线"→"显示参考线"命令，显示参考线。

（4）将鼠标指针移到标尺上，按住鼠标并将鼠标指针拖到工作区中，从水平标尺或垂直标尺上拖出来的是相应的水平参考线或垂直参考线，释放鼠标之后参考线即被创建。如图1-39所示是创建了多条参考线的图像文档。

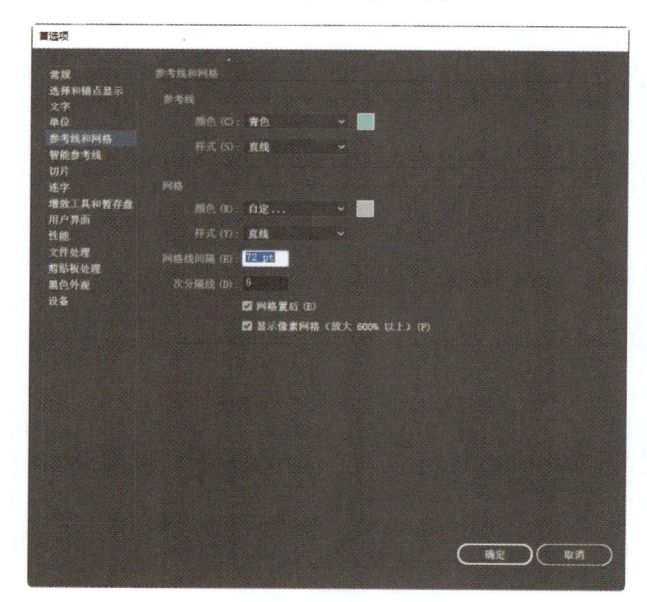

图1-38　设置参考线的颜色和样式　　　　图1-39　创建多条参考线

通过路径创建参考线的详细操作步骤如下。

（1）在视图中选定一个路径或对象。

（2）执行"视图"→"参考线"→"建立参考线"命令，则根据选定的路径或对象创建了参考线，如图1-40所示。

2）锁定参考线

为了避免操作时移动参考线的位置，可以将参考线锁定。

执行"视图"→"参考线"→"锁定参考线"命令，则当前视图中所有的参考线都被锁定。

再次执行"视图"→"参考线"→"锁定参考线"命令，则取消"锁定参考线"命令前的选择，参考线的锁定状态也被解除。

3）释放参考线

通过释放参考线，可以将任何一种参考线转换为可以编辑的矢量对象。释放参考线的详细操作步骤如下。

图1-40　通过路径创建的参考线

（1）执行"视图"→"参考线"→"锁定参考线"命令，解除参考线的锁定状态。

（2）使用"选择工具"选择要释放的参考线。

（3）执行"视图"→"参考线"→"释放参考线"命令，则选定的参考线被转换为可执行各种变换操作的矢量对象。

4）清除参考线

清除视图中的参考线有以下三种方法。

- 解除参考线的锁定状态后，使用"选择工具"拖动参考线到标尺上，释放鼠标后，该参考线被清除。
- 解除参考线的锁定状态后，按Delete键将选定的参考线删除。
- 如果用户需要一次性清除视图中的所有参考线，应该执行"视图"→"参考线"→"清除参考线"命令。

5）智能参考线

智能参考线和普通参考线的不同之处在于，智能参考线可以根据当前执行的操作显示参考线及相应的提示信息。例如，当鼠标光标置于对象的一个锚点上时，智能参考线将高亮显示对象的轮廓线，并显示提示信息"锚点"；当鼠标光标置于中心点上时，则显示提示信息"中心点"，如图1-41所示。

图1-41　智能参考线提示的参考线及信息

执行"视图"→"智能参考线"命令，即可打开智能参考线功能，再次执行该命令，则关闭智能参考线功能。

执行"编辑"→"首选项"→"智能参考线"命令，在弹出的"首选项"对话框中可以设置智能参考线的显示选项及其他参数，如图1-42所示。

- 对象参考线：可以设置参考线的颜色。
- 对齐参考线：可以使对象与参考线对齐，紧贴参考线。
- 锚点/路径标签：在移动鼠标光标时自动显示各种文本标签信息。
- 对象突出显示：当鼠标光标放在对象上时，对象的轮廓线突出显示。
- 度量标签：当移动鼠标光标时，自动显示测量两点间距离角度的标签信息。
- 变换工具：当缩放、镜像、旋转对象时，将得到相对于操作基准点的参考信息。
- 结构参考线：可以使用直线作为参考线，以帮助用户确定位置。

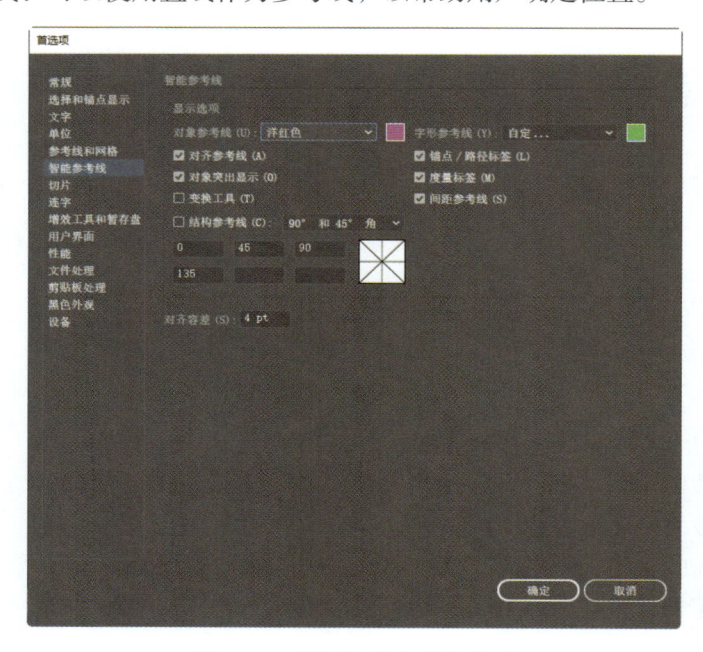

图1-42　设置智能参考线选项

3. 使用网格

网格是一种方格类型的参考线，可以用来对齐页面和图形。同时，还可以使用网格的对齐功能让图形自动对齐网格并编排图文，从而有规则地排列图形和文字。显示网格的视图效果如图1-43所示。

1）显示网格

执行"视图"→"显示网格"命令，即可在视图中显示网格；执行"视图"→"隐藏网格"命令，即可在视图中隐藏网格。

2）设置网格

执行"编辑"→"首选项"→"参考线和网格"命令，在弹出的"首选项"对话框中可以设置网格的颜色、样式、网格线间隔等选项，如图1-44所示。

项目一
Illustrator 入门基础

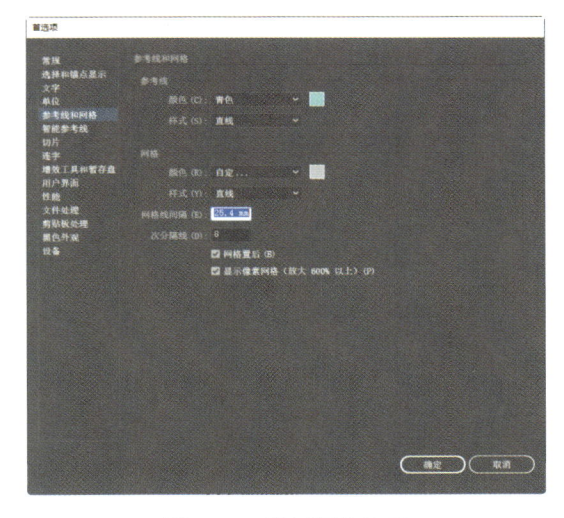

图 1-43　显示网格的视图效果　　　　图 1-44　设置网格选项

网格设置的"颜色"和"样式"选项和参考线设置一样。
- 网格线间隔：在该文本框中可以输入网格线之间的距离。
- 次分隔线：在该文本框中可以输入网格内的细分网格数目。
- 网格置后：选择该复选框，可以将网格置于图形对象的后面。
- 显示像素网格：选择该复选框，可以使像素的数量以网格的方式显示。

3）透明度网格

在处理图像效果时，执行"视图"→"显示透明度网格"命令，使棋盘状透明度背景网格显示出来，从而可以观察到图像的透明区域部分，如图 1-45 所示。

如果要关闭"显示透明度网格"功能，则执行"视图"→"隐藏透明度网格"命令。

4）对齐网格

为了使作图更加规范，可以打开对齐网格功能。执行"视图"→"对齐网格"命令，在绘制或移动图形对象时，该图形会自动捕捉最近的一个网格，并与之对齐。如果要关闭"对齐网格"功能，则再次执行"视图"→"对齐网格"命令，将该功能关闭。

执行"视图"→"对齐点"命令，在绘制或移动图形对象时，该图形会自动捕捉最近的一个点，并与之对齐。如果要关闭"对齐点"功能，则再次执行"视图"→"对齐点"命令。

图 1-45　显示透明度网格

任务 5　图像的显示

任务引入

小王在设计画册时，想对细节部分进行处理，那么怎样调整图像的显示比例，才能将其放大处理呢？

Illustrator 平面设计

知识准备

在 Illustrator 中可以采用多种方式显示文档，从而以不同的比例观察文档中的图形，满足作图要求。

1. 图像的显示比例

Illustrator 在视图的显示比例方面提供给用户很多选择，使用户可以方便地使用各种显示比例来查看视图上的图形和文字。

1）满画布显示

选择满画布显示的方式来显示图像，能使图像以最大限度显示在工作界面，并保持其完整性。设置满画布显示图像有以下四种方法。

- 执行"视图"→"画板适合窗口大小/全部适合窗口大小"命令，使图像在视图中满画布显示，效果如图 1-46 所示。
- 按 Ctrl+0 或 Alt+Ctrl+0 组合键，将图像满画布显示。
- 双击工具箱中的"抓手工具"，将图像满画布显示。
- 单击状态栏最左侧的百分比显示栏 54.35%，在弹出的菜单中选择"满画布显示"选项，将图像满画布显示。

2）显示实际大小

以实际大小显示图像即使图像按 100%的比例效果显示，更适合对图像进行精确的编辑。设置以实际大小显示图像有以下四种方法。

- 执行"视图"→"实际大小"命令，使图像在视图中显示实际大小，效果如图 1-47 所示。
- 按 Ctrl+1 组合键，将图像以实际大小显示。
- 双击工具箱中的"缩放工具"，将图像以实际大小显示。
- 单击状态栏最左侧的百分比显示栏 54.35%，在弹出的菜单中选择"100%"选项，将图像以实际大小显示。

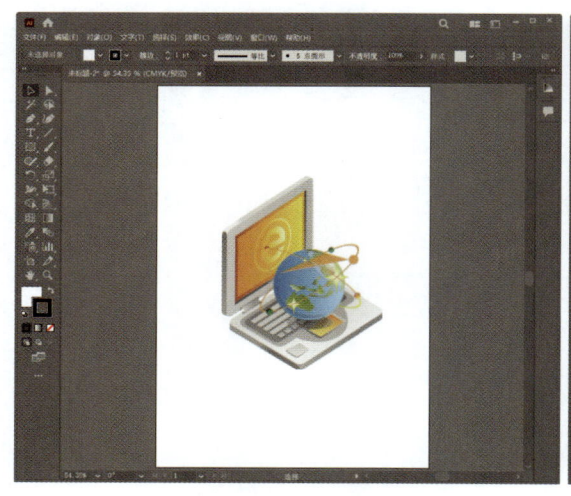

图 1-46　满画布显示图像　　　　　　　　图 1-47　以实际大小显示图像

2. 放大图像或缩小图像

在 Illustrator 中编辑图像时，放大图像能使用户更清晰地观察图像的细节，以进行进一步的编辑修改；缩小图像则可以观察图像的整体效果，对整体的构图、色调、版面等进行调整。

放大图像或缩小图像的方法有以下六种。

1）使用菜单命令

执行"视图"→"放大"命令，每选择一次"放大"命令，视图中图像的显示就放大一倍。

同样地，执行"视图"→"缩小"命令，每选择一次"缩小"命令，视图中图像的显示就缩小一半。

2）使用缩放工具

使用工具箱中的缩放工具可以设置图像显示大小，"缩放工具"的使用步骤和方法如下。

（1）按住 Z 键，或者在工具箱中单击"缩放工具"，将鼠标光标移动到视图中，其变成缩放工具的形状。

（2）如果缩放工具的图标是，表示缩放工具处于放大状态，在视图中单击，图像显示比例放大一级。图像放大后将自动调整位置，使刚才单击的位置位于图像窗口中央。例如，单击"缩放工具"后，在叶子处单击，则将以叶子图形为中心放大一级比例倍数，效果如图 1-48 所示。

（3）按住 Alt 键，缩放工具的图标则由转换为，表示缩放工具处于缩小状态，在视图中单击，图像显示比例缩小一级。

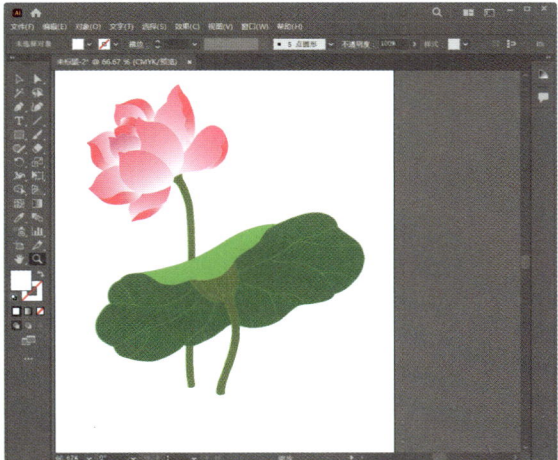

图 1-48　图像以叶子为中心放大一级

3）使用组合键

连续按组合键 Ctrl++，可以逐步按照级别放大图像显示比例。例如，当图像以 50% 的比例显示在视图中时，按组合键 Ctrl++，图像将转换为 66.67% 的显示比例；再次按 Ctrl++ 组合键，图像则转换为 100% 的显示比例。

同样地，连续按组合键 Ctrl+-，可以逐步按照级别缩小图像显示比例。

Illustrator 平面设计

4）使用缩放工具局部放大图像或缩小图像

使用缩放工具还可以针对图像的局部进行放大或缩小。

（1）按住 Z 键，或者在工具箱中单击"缩放工具"，将鼠标光标移动到视图中，其变成缩放工具的形状。

（2）在图像中按住鼠标左键并拖曳，图像放大、缩小显示并布满图像窗口。

5）使用状态栏

状态栏的百分比显示栏 100% 中显示图像的当前显示比例，如果需要改变当前显示比例，单击该百分比显示栏，在弹出的菜单中选择一个数值，如图 1-49 所示，图像则以选择的数值来显示。另外，还可以在百分比显示栏中输入数值，按 Enter 键就可以应用它来显示图像。

6）使用导航器

执行"窗口"→"导航器"命令，打开"导航器"面板，在该面板中可以对图像显示进行放大操作或缩小操作。预览图中的红框表示图像在视图上的显示区域，如图 1-50 所示。

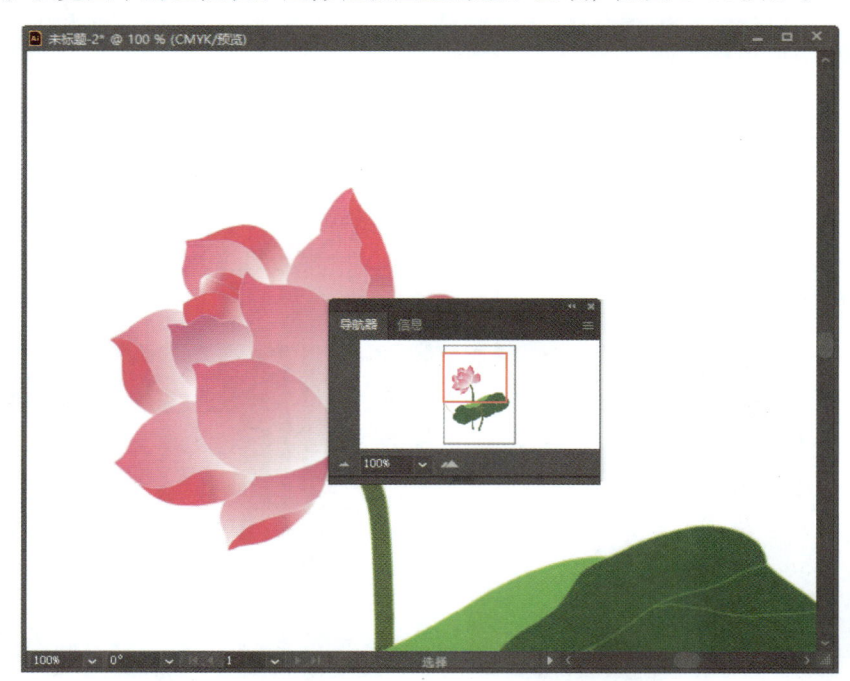

图 1-49　选择显示比例　　　　图 1-50　使用导航器控制视图显示大小

进行放大操作或缩小操作有以下四种方法。

- 单击面板右下角较大的三角形按钮，可以像缩放工具一样按级别放大图像。例如，显示比例从 50% 放大到 66.67%，再放大到 100%。同样地，单击面板左下角较小的三角形按钮，可以按级别缩小图像。
- 在面板左下角的数值框 66.67% 中输入数值，按 Enter 键就可以应用这个数值来显示图像。
- 按住 Ctrl 键，在面板的预览图中按住鼠标左键并拖曳，框选需要放大的区域，释放鼠标后即可将选定的区域放大。

项目总结

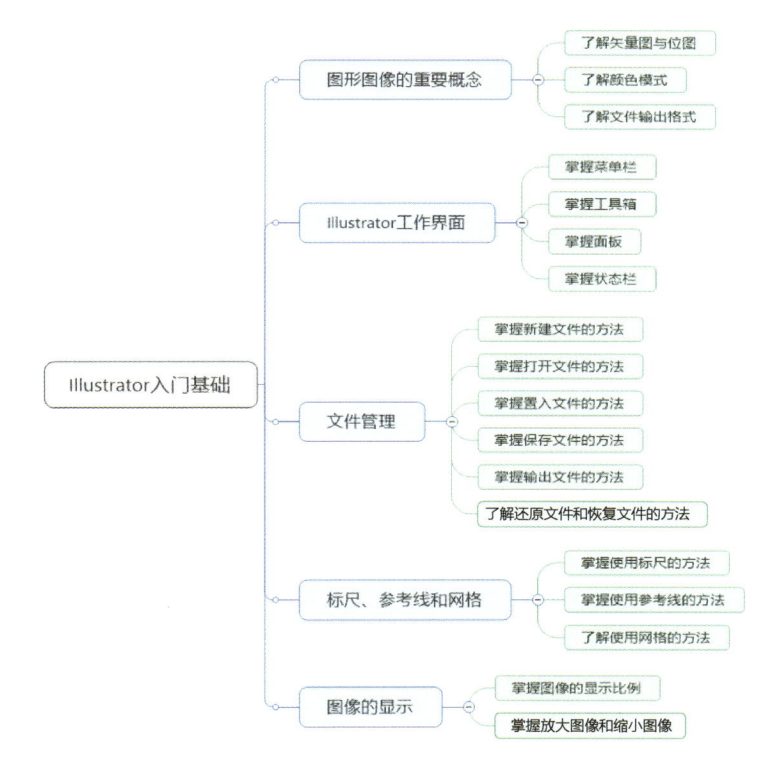

- **Illustrator入门基础**
  - 图形图像的重要概念
    - 了解矢量图与位图
    - 了解颜色模式
    - 了解文件输出格式
  - Illustrator工作界面
    - 掌握菜单栏
    - 掌握工具箱
    - 掌握面板
    - 掌握状态栏
  - 文件管理
    - 掌握新建文件的方法
    - 掌握打开文件的方法
    - 掌握置入文件的方法
    - 掌握保存文件的方法
    - 掌握输出文件的方法
    - 了解还原文件和恢复文件的方法
  - 标尺、参考线和网格
    - 掌握使用标尺的方法
    - 掌握使用参考线的方法
    - 了解使用网格的方法
  - 图像的显示
    - 掌握图像的显示比例
    - 掌握放大图像和缩小图像

项目二

图形的绘制和编辑

思政目标

➢ 培养职业责任心，树立正确的价值观。
➢ 逐步培养读者勤于动手、乐于实践的学习习惯。

技能目标

➢ 掌握图形绘制的方法。
➢ 了解图形管理的运用。
➢ 掌握图形的基本编辑方法。

项目导读

作为一个矢量图形绘制软件，Illustrator 具有强大的绘图功能。读者使用 Illustrator 工具箱提供的绘图工具，可以快速地绘制常见的矢量图形。通过 Illustrator 的多种选择工具和命令来灵活地选择并管理对象，以及进行编辑，可以大幅度提高操作者的工作效率。

任务 1　图形的绘制

任务引入

小王毕业了，参加工作后，领导要求小王设计一款产品的标志，通过学习 Illustrator，小王可以用基本线条结合几何图形来进行绘制。那么，怎样运用这些矢量工具呢？图形的绘制都包括哪些呢？

知识准备

1. 绘制基本线条

绘制基本线条需要用到的工具："直线段工具"、"弧形工具"、"螺旋线工具"、"矩形网格工具"、"极坐标网格工具"。下面详细介绍"直线段工具"的使用方法。

直线是最基本的图形组合元素，使用"直线段工具"绘制直线有以下两种方法。

1）手动绘制直线

（1）单击工具箱中的"直线段工具"，如图 2-1 所示。

（2）将鼠标光标移至页面上，鼠标光标会变成 -|- 符号。

（3）按住鼠标左键并拖曳，拖曳到预想的长度和角度后释放鼠标，即可得到一条直线。

在绘制直线的过程中，通过配合使用快捷键，可以获得多样化的直线效果。

- 如果按住 Alt 键，则可以绘制由中心点出发，向两边延伸的直线段。
- 如果按住空格键，则可以在绘制过程中移动正在绘制的直线。
- 如果按住 Shift 键，则可以绘制 0°、45° 和 90° 方向的直线。
- 如果按住 ~ 键，则可以绘制多条以单击点为扩散点的直线，通过鼠标光标的移动控制直线的长短，示例效果如图 2-2 所示。

2）精确绘制直线

（1）单击工具箱中的"直线段工具"，并在页面上的任意位置单击。

（2）在弹出的"直线段工具选项"对话框中设置直线段的长度和角度。对话框中显示的默认数值是上次创建的直线段数值，如图 2-3 所示。

图 2-1 选择"直线段工具"　　图 2-2 绘制多条直线　　图 2-3 "直线段工具选项"对话框

（3）单击"确定"按钮，就以单击点为起点创建了一条直线段，同时该尺寸也被保存下来，作为下次创建直线段的默认值。

"直线段工具选项"对话框中的选项设置如下。

- 长度：该选项的数值可以精确定义直线的长度。
- 角度：该选项的数值可以精确定义直线的角度。
- 线段填色：选择该复选框，则绘制的线段有填色性能。

其他工具的绘制方法与之类似，不再赘述。

2. 绘制基本几何图形

绘制基本几何图形需要用到的工具："矩形工具"、"圆角矩形工具"、"椭圆工具"、"多边形工具"、"星形工具"和"光晕工具"。下面详细介绍"矩形工具"的使用方法。

1）手动绘制矩形

（1）单击工具箱中的"矩形工具"■。将鼠标光标移至页面上，鼠标光标会变成-¦-符号。

（2）按住鼠标左键，并沿着对角线进行拖曳，拖曳到预想的大小后释放鼠标，矩形就被创建了，如图2-4所示。

如果需要在手动绘制矩形时调整矩形的参数，则需要配合使用快捷键。

- 如果按住 Shift 键，则可以绘制出正圆形。
- 如果按住 Alt 键，则可以沿中心点从内向外绘制矩形。
- 如果按住空格键，则可以在绘制过程中移动正在绘制的矩形。
- 如果按住 ~ 键，则可以绘制多个以单击点为扩散点的矩形。

2）手动绘制圆角矩形

（1）在工具箱中按住"矩形工具"■不放，弹出矩形展开工具组。

（2）单击矩形展开工具组中的"圆角矩形工具"■。

（3）按住鼠标左键并进行拖曳，拖曳到预想的大小后释放鼠标，即可创建圆角矩形。

如果需要在手动绘制圆角矩形时调整矩形的参数，则需要配合使用快捷键。

- 如果按住 Shift 键，则可以绘制出圆角正方形。
- 如果按住 Alt 键，则可以沿中心点从内向外绘制圆角矩形。
- 如果按住空格键，则可以在绘制过程中移动正在绘制的圆角矩形。
- 在绘制圆角矩形，并进行拖曳时，按↓键或↑键可以改变圆角半径。按↓键能使圆角半径变小；按↑键能使圆角半径变大；按←键能使圆角半径变为最小，即成为不带圆角的基本矩形；按→键能使圆角半径变为最大，圆角矩形接近椭圆形。
- 如果按住 ~ 键，则可以绘制多个以单击点为扩散点的圆角矩形。

不难发现，在绘制圆角矩形的过程中，如果不配合使用↓键、↑键、←键和→键来调整圆角半径，则无论绘制的圆角矩形多大，圆角半径都是固定的，默认值是 4.23mm，如图 2-5 所示。

如果要改变圆角半径的默认值，则可以执行"编辑"→"首选项"→"常规"命令，打开"首选项"常规参数设定对话框，如图 2-6 所示，在"圆角半径"文本框中输入新数值，单击"确定"按钮完成设置。

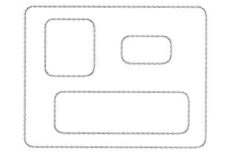

图 2-4　绘制矩形　　　　图 2-5　固定的圆角半径　　　　图 2-6　修改圆角半径

3）精确地创建矩形

（1）单击工具箱中的"矩形工具"■，并在页面上的任意位置单击。

（2）在弹出的"矩形"对话框中设置矩形的宽度和高度。对话框中显示的默认值是上次创建的矩形尺寸，如图 2-7 所示。

如果要约束比例修改矩形的宽度和高度，则单击■按钮，使其变为■按钮。

（3）单击"确定"按钮，这样以在页面单击处为矩形的左上角创建矩形，同时其尺寸也被保存下来，作为下次创建矩形的默认值。

精确地创建圆角矩形的方法也一样。如果单击工具箱中的"圆角矩形工具" ，并在页面上单击，则弹出"圆角矩形"对话框。该对话框中除了包括"高度"和"宽度"选项，还有一个"圆角半径"选项，如图 2-8 所示。在"圆角半径"选项后的文本框中输入新数值也可以改变圆角矩形的圆角半径。

图 2-7　"矩形"对话框 　　　　　　图 2-8　"圆角矩形"对话框

其他工具的绘制方法与之类似，不再赘述。

3. 自由绘制图形

自由画笔工具包括"铅笔工具" 、"平滑工具" 和"路径橡皮擦工具" 。下面详细介绍这些工具的使用方法。

1）使用"铅笔工具" 绘制图形

使用"铅笔工具" 可以随意绘制不规则的路径，既可以生成开放路径，又可以生成闭合路径。如图 2-9 所示是用"铅笔工具" 绘制的图形。

（1）绘制图形。

"铅笔工具" 的使用方法很简单。在工具箱中单击"铅笔工具" 后，在页面上可以随意进行描绘，在鼠标按下的起点和终点之间将创建一个线条。释放鼠标后，Illustrator 自动根据鼠标轨迹设置点和段的数目，并创建一条路径。

使用"铅笔工具" 绘制的路径形状与绘制时的移动速度和连续性有关。当鼠标在某处停留时间较长时，系统将在此处插入一个锚点；反之，若鼠标滑动速度较快，系统将忽略一些改变方向的锚点。

如果需要对"铅笔工具" 进行设置，则双击工具箱中的"铅笔工具" ，弹出"铅笔工具选项"对话框，如图 2-10 所示。在对话框中可以对"铅笔工具" 的主要属性进行设置。

图 2-9　使用"铅笔工具"绘制的图形 　　　　图 2-10　"铅笔工具选项"对话框

Illustrator 平面设计

- 保真度：该选项的数值控制曲线偏离原始轨迹的程度，数值越小，锚点越多；数值越大，曲线越平滑。
- 填充新铅笔描边：选择该复选框将对绘制的铅笔描边应用填色，但不对当前铅笔描边。
- 保持选定：选择该复选框，在绘制路径的过程中，路径始终保持被选取的状态。
- 编辑所选路径：选择该复选框能对当前已选中的路径进行多次编辑。如果取消该复选框的选择，则"铅笔工具" 不能在路径上进行延长路径、闭合路径等操作。
- 范围：该选项的数值决定鼠标指针与现有路径达到多少距离，才能使用"铅笔工具" 编辑路径。

（2）编辑图形。

使用"铅笔工具" 除了能自由绘制图形，还可以修改原有的路径，将开放路径变成闭合路径。

选取两条开放路径后，运用"铅笔工具" 单击其中一个路径的端点，并拖曳鼠标到另一条路径的端点上，释放鼠标时新创建的路径将连接这两条路径，如图 2-11 所示。

图 2-11　创建闭合路径

选取闭合路径后，将"铅笔工具" 接近一条路径并拖曳鼠标进行绘制，释放鼠标后新创建的路径将原有的路径延长，如图 2-12 所示。

图 2-12　延长闭合路径

2）使用"平滑工具" 编辑图形

使用"平滑工具" 可以对路径进行平滑处理，并保持路径的原始状态。

"平滑工具" 的使用方法很简单。先在页面上选择需要平滑的路径，再在工具箱中选择"平滑工具" 。在选取的路径上单击并拖曳鼠标，使该路径上的角点平滑或删除锚点，并尽量保持路径原来的形状。平滑路径前后的对比效果如图 2-13 所示。

图 2-13　平滑路径前后的对比效果

🔍 提示

在编辑过程中，按住 Ctrl 键可以将"平滑工具" 直接转换为"选择工具" ，重新选择需要编辑的路径；释放 Ctrl 键后，"选择工具" 又重新转换为"平滑工具" ，可以继续进行平滑操作。

如果需要对"平滑工具"进行设置，双击工具箱中的"平滑工具"，弹出"平滑工具选项"对话框，如图2-14所示。在该对话框中可以对"平滑工具"进行设置。

保真度控制修改后的路径偏离鼠标滑行轨迹的程度，数值越小，锚点越多；数值越大，曲线越平滑。

3）使用"路径橡皮擦工具"擦除图形

"路径橡皮擦工具"相当于生活中的橡皮擦，可用来清除绘制的路径或画笔的一部分。

在页面上选择需要擦除的路径，单击工具箱中的"路径橡皮擦工具"，在选取的路径上拖曳鼠标进行擦除。擦除路径后系统将自动在路径末端添加一个锚点，闭合路径在擦除后将变为开放路径。

擦除路径前后的对比效果如图2-15所示。

图2-14 "平滑工具选项"对话框

图2-15 擦除路径前后的对比效果

4. 绘制图表

在工具箱中单击图表工具（以"柱形图工具"为例进行介绍），将鼠标指针移至工作区中。在希望图表开始的角沿对角线向另一个方向拖曳鼠标，直到将图表拖动到合适的大小时释放鼠标。这时，在工作区中将显示图表数据对话框，如图2-16所示。在对话框的单元格中输入图表数据后，单击"应用图表"按钮，或者按Enter键，即可创建图表。关闭图表数据对话框后，单元格的数据被应用到创建的图表上，也就完成了柱形图图表的初步建立，效果如图2-17所示。

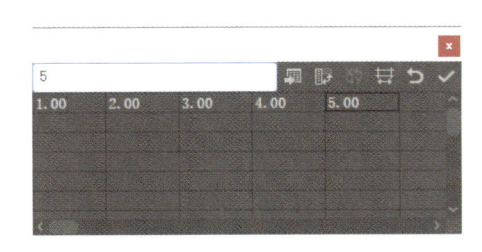

图2-16 图表数据对话框

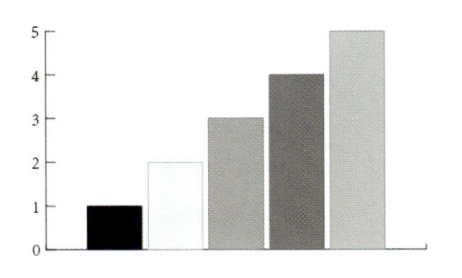

图2-17 柱形图图表效果

在创建图表并进行拖移时，如果按住Alt键，可以使图表从中心开始绘制；如果按住Shift键，可以将图表限制为一个正方形。

在工具箱中选取图表工具后，在工作区中单击，打开"图表"对话框，如图2-18所示。在该对话框中输入"宽度"和"高度"的数值，可以精确地指定图表大小。单击"确定"按钮，即可打开图表数据对话框。在对话框的单元格中输入图表数据后，单击"应用图表"按钮，或者按Enter键，即可创建图表。

Illustrator 平面设计

创建图表设计的方法和创建图案的方法比较相似，首先需要绘制用于图表设计的图形。下面通过一个简单的实例来讲解具体操作方法。

（1）绘制一个矢量图形，如图 2-19 所示。

（2）单击工具箱中的"矩形工具" ，在图形的外围拖曳鼠标，绘制出一个矩形。在"颜色"面板中将矩形的填色和描边都设置为"无" ，使矩形成为图表设计的边界，如图 2-20 所示。

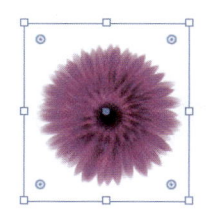

图 2-18　"图表"对话框　　　图 2-19　绘制矢量图形　　　图 2-20　无色填充的边界框

（3）选择矩形，执行"对象"→"排列"→"置于底层"命令，将矩形框放置在图形的下层。

（4）选择矢量图形和矩形，执行"对象"→"图表"→"设计"命令，打开"图表设计"对话框。

（5）单击"新建设计"按钮，使所选图形显示在预览框中。在预览框中，只有矩形内部的图形部分是可见的，在图表中使用时才会显示所有图形，如图 2-21 所示。

（6）单击"重命名"按钮，打开"重命名"对话框，将新建设计命名为"花朵"，如图 2-22 所示。单击"确定"按钮，将所选图形创建为图表设计，并存储在"图表设计"对话框中。

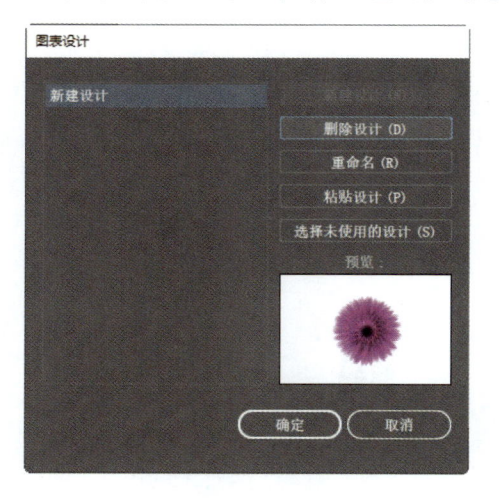

图 2-21　新建设计的预览　　　　　　图 2-22　重命名新建设计

如果要将创建的设计删除，在"图表设计"对话框的设计列表中选择设计的名称，单击"删除设计"按钮即可。

如果要修改创建的设计，在设计列表中选择设计的名称，单击"粘贴设计"按钮，即可将图形粘贴到文档中进行修改，并将其重新定义为新的图表设计。

单击"图表设计"对话框中的"选择未使用的设计"按钮，即可选择在文档中没有使用过的设计。

● **案例——房子**

（1）执行"文件"→"新建"命令，打开"新建文档"对话框，设置如图2-23所示。单击"确定"按钮退出对话框。

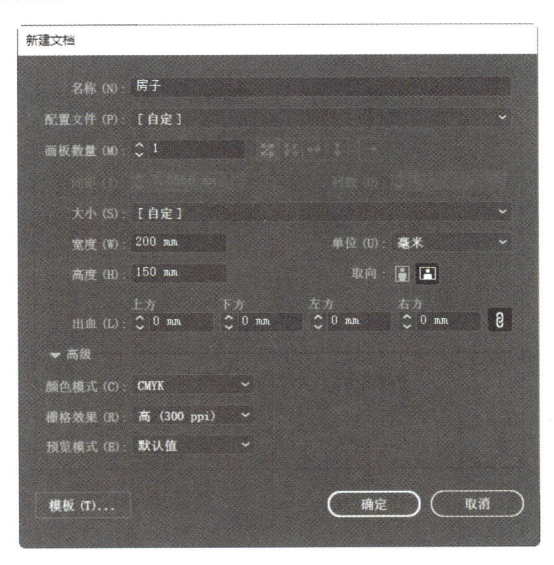

图2-23 "新建文档"对话框

（2）在工具箱中单击"矩形工具"展开工具组，在工具组中选择"多边形工具"。在页面中单击，打开"多边形"对话框，设置多边形的半径和边数，如图2-24所示。单击"确定"按钮，创建出如图2-25所示的多边形。

图2-24 设置多边形的参数　　　　　图2-25 创建的多边形

（3）选择多边形，执行"对象"→"变换"→"旋转"命令。在弹出的"旋转"对话框中设置旋转角度为30º，如图2-26所示。单击"确定"按钮，使多边形进行旋转。

（4）在工具箱中单击"直接选择工具"，选择多边形最下端的一个锚点。可以通过观察锚点的显示状态来确定该点是否被选中，被选中的锚点显示为实心点，未被选中的锚点显示为空心点，如图2-27所示。

（5）选中锚点后，向上拖曳鼠标，使该锚点的位置与上面两个锚点的位置水平对齐，效果如图2-28所示。

Illustrator 平面设计

图 2-26　设置旋转角度　　　图 2-27　选择锚点　　　图 2-28　拖动锚点后的效果

（6）在工具箱中双击"多边形工具"，在页面上单击，打开"多边形"对话框。设置多边形的半径和边数，如图 2-29 所示。单击"确定"按钮，在页面上创建出一个三角形。

（7）执行"窗口"→"色板"命令，打开"色板"面板。选择三角形，在"色板"面板中单击"CMYK 蓝"，如图 2-30 所示。这时，三角形的颜色被设置为蓝色，移动三角形到合适位置，效果如图 2-31 所示。

图 2-29　设置多边形的参数　　　图 2-30　选择颜色　　　图 2-31　三角形效果

（8）在工具箱中单击"直接选择工具"，选择三角形顶端的锚点，并将其向下拖动，使三角形效果如图 2-32 所示。

（9）选择三角形，执行"对象"→"排列"→"置于底层"命令，将三角形排列在多边形下层，效果如图 2-33 所示。

（10）在工具箱中选择"矩形工具"，在页面中拖曳鼠标绘制出一个矩形，并将其移动到多边形上，作为窗框。在"色板"面板中为矩形设置颜色"咖啡色"，效果如图 2-34 所示。

图 2-32　拖动顶端锚点　　　图 2-33　将三角形置于底层　　　图 2-34　绘制矩形效果

（11）在工具箱中选择"矩形网格工具"，在页面上单击，打开"矩形网格工具选项"对话框。在对话框中设置矩形网格的大小和分隔线数量，选择"填色网格"复选框，如图 2-35 所示。

（12）单击"确定"按钮，创建一个矩形网格图形。选择该图形，在"色板"面板中设置其颜色为"白色"。

（13）执行"窗口"→"描边"命令，打开"描边"面板，设置矩形网格的描边粗细为 1pt，如图 2-36 所示。调整矩形网格的位置，使其作为窗户，效果如图 2-37 所示。

（14）在工具箱中选择"铅笔工具"，绘制如图 2-38 所示图形，为该图形设置颜色"C=50 M=0 Y=100 K=0"。

（15）使用"铅笔工具"继续绘制图形，并设置颜色为"绿宝石"。选择该图形，执行"对象"→"排列"→"置于底层"命令，这时的房子效果如图 2-39 所示。

图 2-35　设置矩形网格的参数　　　　　　图 2-36　设置描边粗细

图 2-37　窗户的效果　　　图 2-38　绘制图形　　　图 2-39　房子的效果

任务 2　图形的管理

任务引入

小王在绘制矢量图形时，发现对象比较多，很杂乱，同事提醒他可以运用 Illustrator 中的图形对齐和分布来进行调整。那么，怎样运用这些命令呢？

知识准备

在处理复杂的 Illustrator 文档时，页面上的图形和其他对象较多，如果不进行管理，则会导致页面混乱，容易产生错误操作。

1. 编组、锁定和隐藏

在操作过程中，为了方便对多个图形进行选择和修改，通常需要把图形编组、锁定和隐藏。

1）编组

通过编组可以把需要保持联系的系列图形对象组合在一起，编组后的多个图形可以作为一个整体来进行修改或位置的移动等。在 Illustrator 中还可以将已有的组进行编组，从而创建嵌套编组。

选择需要组合的所有对象，执行"对象"→"编组"命令，或者按组合键 Ctrl+G，把对象编组。

编组后的所有对象都成为一个整体，对编组对象进行移动、复制、旋转等操作会方便很多。同时，对编组的对象进行填充、描边或调整不透明度时，群组中的每个对象也会相应改变。如果需要选择群组中的部分对象，可以使用"编组选择工具"直接选取。如果要解散编组对象，选择编组后，执行"对象"→"取消编组"命令，或者按组合键 Shift+Ctrl+G，可以把对象取消编组。

2）锁定

在绘制和处理比较复杂的图形时，为了不影响其他图形，可以使用"锁定"命令将其他图形加以保护，执行"锁定"命令的对象将不能进行任何编辑。

锁定图形的方法很简单，选择需要锁定的对象，执行"对象"→"锁定"→"所选对象"命令，或者按组合键 Ctrl+2，即可完成锁定操作。

除了可以锁定当前选择的对象，还可以锁定其他选择对象集。如图 2-40 所示，"锁定"命令扩展菜单还包括以下两个命令：

- 上方所有图稿：选择该命令，将锁定页面中在当前选择对象上方的所有图稿。
- 其他图层：选择该命令，将锁定当前选择对象在页面中其他图层中的所有对象。

如果要取消对象的锁定，执行"对象"→"全部解锁"命令，或者按组合键 Alt+Ctrl+2，即可把对象取消锁定。

图 2-40 "锁定"命令扩展菜单

3）隐藏

在处理复杂图形时，除了锁定图形，还可以执行隐藏操作。这样，可以把页面中暂时不需要操作的部分隐藏起来，易于观察和编辑当前显示的图形。

隐藏图形的方法和锁定图形的方法相似：选择需要隐藏的对象，执行"对象"→"隐藏"→"所选对象"命令，或者按组合键 Ctrl+3，即可完成隐藏操作。

2. 图形的排列

在绘制和处理比较复杂的图形时，图形经常会出现重叠或相交的情况，这时就需要调整图形的前后顺序。如图 2-41 所示，"BEDLAM"文本一共分为三层，并从顶层到底层进行有序排列，组合成带有 3D 效果和阴影的文本。

执行"对象"→"排列"命令，"排列"命令扩展菜单还包括五个命令，如图 2-42 所示。

图 2-41　顺序排列示意　　　　　　　　图 2-42　"排列"命令扩展菜单

对这五个命令的介绍如下（见图 2-43）。
- 置于顶层：执行该命令，可以将当前选择对象移动到当前图层的顶层，星形置于顶层。
- 前移一层：执行该命令，可以将当前选择对象向前移动一层，六边形前移一层。
- 后移一层：执行该命令，可以将当前选择对象向后移动一层，星形后移一层。
- 置于底层：执行该命令，可以将当前选择对象移动到当前图层的底层，星形置于底层。
- 发送至当前图层：执行该命令，可以将当前选择对象从原来的图层移动到目标图层。

置于顶层　　　前移一层　　　后移一层　　　置于底层

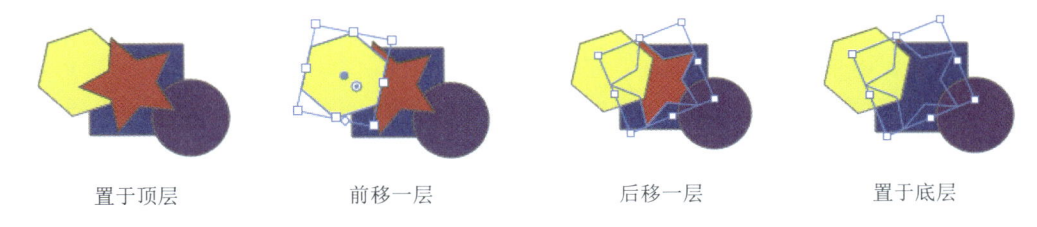

图 2-43　星形的排列顺序

3．图形的对齐和分布

在 Illustrator 中，可以在页面中精确地对齐和分布对象，使用户方便并准确地把当前选择的多个对象按照预设的方式对齐和分布。

在"窗口"菜单下执行"对齐"命令，或者按组合键 Shift+F7，打开"对齐"面板，面板中有"对齐对象"、"分布对象"和"分布间距"三个对齐栏，如图 2-44 所示。

在页面上选取多个图形对象后，在"对齐"面板中单击其中一个对齐按钮，当前选择的对象则以相应的对齐方式进行排列或分布。

下面简单介绍"对齐"面板的使用方法及对齐效果。

1）对齐对象

使用"对齐对象"中的对齐选项可以调整多个对象的位置，使它们按照一定的方式对齐。
- 水平左对齐：单击该按钮，选取的图形按照水平左对齐的方式排列，即在页面最左边处在同一条垂直线上。如图 2-45 所示，在页面中选择三朵鲜花图形，单击"对齐"面板中的"水平左对齐"按钮，对齐效果如图 2-46 所示。

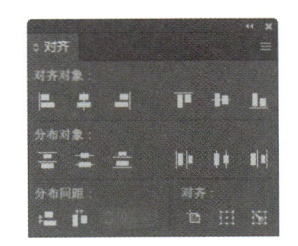

图 2-44　"对齐"面板

图 2-45　选择图形对象　　　　　　　　图 2-46　水平左对齐

- 水平居中对齐：使选取的图形按照水平居中对齐的方式排列，图形的中心点处在同一条垂直线上，效果如图 2-47 所示。
- 水平右对齐：使选取的图形按照水平右对齐的方式排列，即在页面最右边，且图形的最右边处在同一条垂直线上，效果如图 2-48 所示。
- 垂直顶对齐：使选取的图形按照垂直顶对齐的方式排列，图形的顶端位于同一水平线，效果如图 2-49 所示。

图 2-47　水平居中对齐　　　　图 2-48　水平右对齐　　　　图 2-49　垂直顶对齐

- 垂直居中对齐：使选取的图形按照垂直居中对齐的方式排列，图形的中心点位于同一水平线，效果如图 2-50 所示。
- 垂直底对齐：使选取的图形按照垂直底对齐的方式排列，图形的底端位于同一水平线，效果如图 2-51 所示。

图 2-50　垂直居中对齐　　　　　　　　图 2-51　垂直底对齐

2）分布对象

"分布对象"中的选项以每个选择对象同方位的锚点为基准点进行分布。

- 垂直顶分布：以选取的图形顶端为基准垂直均匀分布，效果如图 2-52 所示。
- 垂直居中分布：以选取的图形水平中线为基准垂直均匀分布，效果如图 2-53 所示。
- 垂直底分布：以选取的图形底端为基准垂直均匀分布，效果如图 2-54 所示。

图 2-52　垂直顶分布　　　　图 2-53　垂直居中分布　　　　图 2-54　垂直底分布

- 水平左分布 ▮▮：以选取的图形左侧为基准水平均匀分布，效果如图 2-55 所示。
- 水平居中分布 ▮▮：以选取的图形垂直中线为基准水平均匀分布，效果如图 2-56 所示。
- 水平右分布 ▮▮：以选取的图形右侧为基准水平均匀分布，效果如图 2-57 所示。

图 2-55　水平左分布　　　图 2-56　水平居中分布　　　图 2-57　水平右分布

3）分布间距

- 垂直分布间距 ▮▮：使选取的图形垂直平均分布间距，在垂直方向图形之间的距离相等，效果如图 2-58 所示。
- 水平分布间距 ▮▮：使选取的图形水平平均分布间距，在水平方向图形之间的距离相等，效果如图 2-59 所示。

图 2-58　垂直分布间距　　　　　　　图 2-59　水平分布间距

任务3　图形的基本编辑

任务引入

小王完成了基本图形绘制以后又遇到了新问题，有些图形绘制起来比较烦琐，浪费时间。其实，对于相同的图形可以通过复制和镜像等命令快速完成。那么，怎样运用这些命令快速完成图形的编辑呢？

知识准备

用户可以通过 Photoshop 提供的大量图像编辑命令对图像进行各种各样的编辑操作。

1. 使用选择工具编辑图形

使用"选择工具" ▶ 和"直接选择工具" ▶ 不仅可以选取对象，还可以对图形进行基本的修改。

1）选择工具

当使用"选择工具" ▶ 选择对象时，该对象的四周会出现界定框。界定框是围绕在对象周围，带有八个小四方形控制点的矩形框，通过拖动界定框上的八个控制点来修改图形。

选择图形后，将鼠标光标放置在图形界定框四个中间控制点中的任意一个，使鼠标光标

Illustrator 平面设计

变为 ‡，如图 2-60（a）所示。这时，拖曳鼠标即可改变图形的长宽比例，如图 2-60（b）和图 2-60（c）所示。

在修改图形过程中，如果拖曳鼠标的同时按住 Alt 键，则以界定框的中线为基准改变图形的长宽比例，如图 2-61 所示。

（a）原图　　（b）拖动控制点　　（c）修改比例后

图 2-60　修改图形的长宽比例　　　　图 2-61　以中线为基准修改图形的长宽比例

如果将鼠标光标放置在图形界定框四个对角控制点中的任意一个上，则鼠标光标变为 ↘。这时，拖曳鼠标即可以界定框的对角线为基准点对图形进行缩放，如图 2-62 所示。如果拖曳鼠标的同时按住 Alt 键，则以界定框的中点为基准对图形进行缩放，如图 2-63 所示。

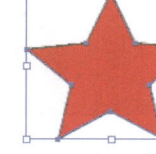

拖动控制点　　缩放图形后　　　　按住 Alt 键并进行拖曳　　缩放图形后

图 2-62　对图形进行缩放　　　　图 2-63　以中点为基准缩放图形

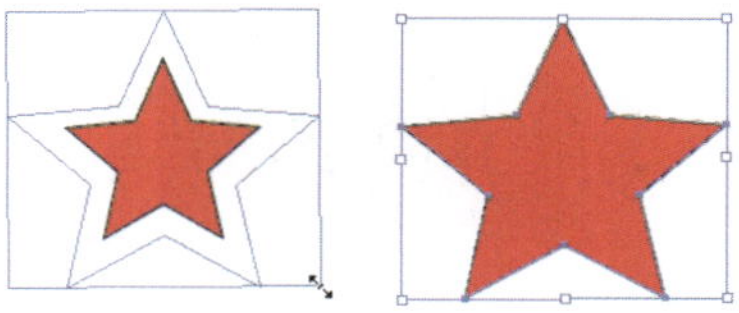

如果拖动对角控制点的同时按住 Shift 键，则以对角线为基准规则地缩放图形，修改后图形的长宽比例不变。

如果将鼠标光标放置在界定框任意一个对角控制点的周围，使鼠标光标变为 ↻，则拖曳鼠标即可对图形进行旋转，如图 2-64 所示。

原图　　　　拖动控制点　　　　旋转图形

图 2-64　旋转图形示意图

如果拖曳鼠标的同时按住 Shift 键，则系统强制每次的旋转角度为 45°。

2）直接选择工具

使用"直接选择工具" ▶ 可以直接选取和修改对象的局部，无论对象是否被编组。

使用"直接选择工具" ▶ 选择图形的边框，如图 2-65（a）所示，图形的所有锚点都显示为空心，表示锚点没有被选中。拖曳鼠标可以对图形进行倾斜或翻转，如图 2-65（b）所示。示例效果如图 2-65（c）所示。

（a）选择边框　　　　（b）拖曳鼠标　　　　（c）编辑后的图形

图 2-65　变换图形示意图

使用"直接选择工具"　选择图形的锚点，如图 2-66（a）所示。这时，图形中被选中的锚点显示为实心点，未被选中的锚点显示为空心点。按住鼠标并拖动该锚点，可以改变图形的形状，如图 2-66（b）所示。示例效果如图 2-66（c）所示。

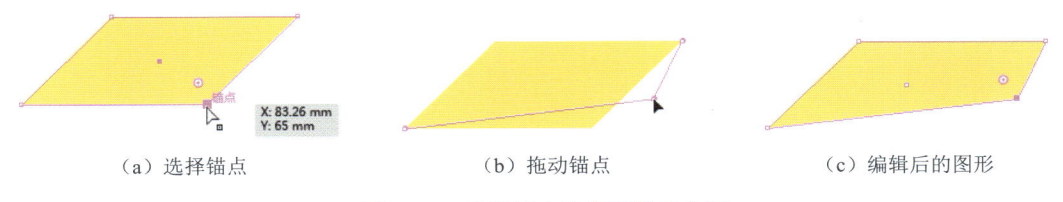

（a）选择锚点　　　　（b）拖动锚点　　　　（c）编辑后的图形

图 2-66　选择锚点编辑图形示意图

2. 图形的变换

在作图过程中，变换对象的功能是必不可少的。使用工具箱中的变换工具可以进行旋转、缩放、自由变换等操作，还可以通过"变换"菜单命令和"变换"面板对图形进行更准确的变换。

1）移动

除了可以使用选择工具拖动选中的锚点、路径，还可以使用"移动"对话框来移动对象。

执行"对象"→"变换"→"移动"命令，打开"移动"对话框，如图 2-67 所示。对话框中各选项的功能如下。

- 水平：该选项设置水平方向的位移，正值表示从左向右移动。
- 垂直：该选项设置垂直方向的位移，正值表示从底部向顶部移动。
- 距离：该选项表示图形位移的距离。
- 角度：该选项指定移动的方向，角度值以向左的方向为起点，负值表示图形向相反方向移动。
- 变换对象：选择该复选框，表示移动当前选择对象，否则只移动对象的图案。
- 变换图案：选择该复选框，表示移动当前选择对象的图案。
- 复制：单击该按钮，可以移动并复制当前选择对象。

图 2-67　"移动"对话框

2）旋转

使用"旋转工具" 可以旋转选中的图形。旋转图形可以任意拖动旋转，也可以在"旋转"对话框中设置旋转角度进行精确旋转。

使用"旋转工具" 手动旋转图形的操作步骤如下。

（1）选择需要旋转的图形后，单击工具箱中的"旋转工具" ，鼠标光标变为十字光标，如图2-68所示。

（2）在当前选中的图形上单击，则可以设置旋转中心点，如图2-69所示。

（3）确定旋转中心点后，鼠标光标变为 ，这时拖动图形就能围绕旋转中心点进行自由旋转，直至一个合适角度，如图2-70所示。

图 2-68　设定中心点前　　　图 2-69　设置旋转中心点　　　图 2-70　围绕旋转中心点旋转

双击"旋转工具" 可以打开"旋转"对话框，设置旋转角度可以精确地旋转对象。当旋转角度值为正值时，图形逆时针旋转；当旋转角度值为负值时，图形顺时针旋转。

选择如图2-71所示的矩形，双击工具箱中的"旋转工具" ，在弹出的"旋转"对话框中设置旋转角度为45°，并单击"复制"按钮，如图2-72所示，复制出一个旋转45°的矩形，效果如图2-73所示。

图 2-71　选择矩形　　　图 2-72　设置旋转角度　　　图 2-73　复制并旋转图形

执行"对象"→"变换"→"旋转"命令，也可以打开如图2-72所示的"旋转"对话框。

3）镜像

在现实生活中，很多物体是对称的。在绘制对称的物体时，使用"镜像工具" 可以使对象进行翻转，减少工作量。

使用"镜像工具" 手动镜像图形的步骤如下。

（1）选择需要镜像的图形后，单击工具箱中的"镜像工具" ，鼠标光标变为十字光标。

（2）在图形上单击，则可以设置对称中心点。

（3）确定对称中心点后，鼠标光标变为 ，在页面上单击确定第二个对称点。通过对称中心点和第二个对称点连成的直线就是隐形的镜像对称轴，如图2-74所示。这时，图形基于设定的镜像对称轴进行镜像，效果如图2-75所示。

图 2-74 设置对称轴　　　　　　　　　　　图 2-75 镜像效果

如果在确定第二个对称点的同时按住 Alt 键，则可以镜像出一个新的图形。

双击"镜像工具"，可以打开"镜像"对话框设置镜像对称轴，精确地镜像对象。在"镜像"对话框中，镜像的轴可以被设置成"水平"、"垂直"，也可以是自由角度，如图 2-76 所示。

例如，选择如图 2-77 所示图形，双击"镜像工具"，打开"镜像"对话框。在对话框中选择"水平"单选按钮，单击"复制"按钮，则以水平方向为轴镜像出一个新图形，如图 2-78 所示。

图 2-76 "镜像"对话框　　　　图 2-77 选择图形　　　　图 2-78 镜像图形

4）缩放

除了可以使用选择工具缩放对象，还可以使用"比例缩放工具"实现对图形的缩放。使用"比例缩放工具"对图形进行缩放的步骤如下。

（1）选择需要缩放的图形，单击工具箱中的"比例缩放工具"，鼠标光标变为十字光标。

（2）在图形上单击，则可以设置缩放中心点。

（3）确定缩放中心点后，鼠标光标变为 ▶，在任意位置拖曳鼠标即可自由缩放对象，如图 2-79 所示。

如果在拖曳鼠标的同时按住 Shift 键，则将规则地缩放对象；如果在拖曳鼠标的同时按住 Alt 键，则在缩放的同时复制一个新图形。

如果要精确地缩放图形，则需要通过"比例缩放"对话框进行设置。除了双击"比例缩放工具"打开对话框进行设置，更加快捷的设置方法和步骤如下。

（1）选择需要缩放的图形后，单击工具箱中的"比例缩放工具"，鼠标光标变为十字光标。

（2）在图形上按住 Alt 键并单击，设置缩放中心点，同时打开"比例缩放"对话框，如图 2-80 所示。

（3）在"比例缩放"对话框中设置相应的比例参数，单击"确定"按钮完成缩放操作。

Illustrator 平面设计

"比例缩放"分为"等比"和"不等比"两种缩放方式。等比缩放是指将对象沿着水平方向和垂直方向按相同比例缩放；不等比缩放是指将对象沿着水平方向和垂直方向按输入的比例数值分别缩放。

在"比例缩放"对话框中，"比例缩放描边和效果"选项也很重要。如图 2-81 所示，对原图进行等比的 150%缩放时，若未选择"比例缩放描边和效果"复选框，则结果如图 2-81（b）所示，图形描边的粗细没有改变；若选择该复选框，则结果如图 2-81（c）所示，图形描边的粗细在对象缩放的同时进行调整。

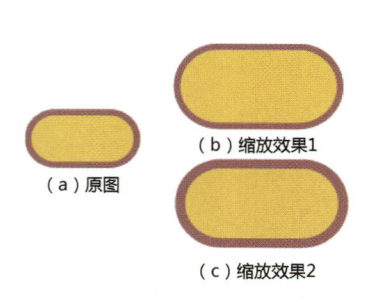

图 2-79　自由缩放图形　　　　图 2-80　"比例缩放"对话框　　　　图 2-81　缩放描边和效果对比

另外，执行"对象"→"变换"→"缩放"命令，也可以打开如图 2-80 所示的"比例缩放"对话框。

5）倾斜

使用"倾斜工具"可以将对象倾斜，制作出特殊效果，如图 2-82 所示。使用"倾斜工具"对图形进行缩放的步骤如下。

（1）选择需要倾斜的图形后，单击工具箱中的"倾斜工具"，鼠标光标变为十字光标。

（2）在图形上单击，则可以设置倾斜中心点。

（3）确定中心点后，鼠标光标变为，在任意位置拖曳鼠标即可自由倾斜对象，如图 2-83 所示。

图 2-82　倾斜效果　　　　　　　　　　图 2-83　自由倾斜对象

如果在拖曳鼠标的同时按住 Shift 键，则限制对象在水平和垂直两个方向倾斜；如果在拖曳鼠标的同时按住 Alt 键，则在倾斜的同时复制一个新图形。

如果要精确地倾斜图形，就需要通过"倾斜"对话框进行设置。打开"倾斜"对话框的方式：可以通过双击"倾斜工具"打开；也可以在设置倾斜中心点时按住 Alt 键打开；还可以执行"对象"→"变换"→"倾斜"命令打开。

在"倾斜"对话框的"倾斜角度"文本框中可以设置倾斜角度，还可以选择以水平、垂直或角度为轴进行倾斜操作，如图 2-84 所示。

6）分别变换

执行"对象"→"变换"→"分别变换"命令，打开"分别变换"对话框，如图 2-85 所示，可以分别设置缩放、移动、旋转、镜像的变换参数，从而同时对图形进行多种变换操作。

"分别变换"对话框和其他变换对话框不同的是，可以在对话框中设置对象的变换中心点。对话框的底部有一个 图标，该图标上有九个控制点，代表当前选择对象上的九个控制点。在默认情况下，中心的控制点显示为实心，表示变换中心。若单击其他任何一个控制点，则可以设置该控制点为新的变换中心点。

"随机"选项是指让每个对象独立地随机变换，具有一定的不确定性。例如，如果选择八个矩形，打开"分别变换"对话框，设置旋转角度的数值为 30°，并选择"随机"复选框，单击"确定"按钮，效果如图 2-86 所示，每个矩形的旋转方向、旋转角度都不一样，但都不会超过设置的数值 30°。

图 2-84 "倾斜"对话框　　图 2-85 "分别变换"对话框　　图 2-86 随机旋转的矩形

7）自由变换

使用"自由变换工具"可以对图形进行所有方式的变换操作，包括移动、缩放、旋转、镜像、倾斜等。

使用"自由变换工具"进行变换的方法和使用"选择工具"进行变换的方法基本相同。选择需要变换的图形后，单击工具箱中的"自由变换工具"，在图形的四周出现界定框，如图 2-87 所示。拖拉界定框的控制点可以对框内的图形进行移动、缩放、旋转和倾斜操作。

8）再次变换

针对多次转换操作，Illustrator 提供了"再次变换"命令来简化工作程序。下面通过一个实例来讲解其使用方法和步骤。

（1）选择一个矩形，执行"对象"→"变换"→"移动"命令，打开"移动"对话框。

Illustrator 平面设计

（2）设置水平移动50pt。

（3）单击"复制"按钮，水平移动并复制一个新矩形，如图2-88所示。

（4）执行"对象"→"变换"→"再次变换"命令，将复制的矩形再次进行移动和复制，并保持移动的数值和上一次操作相同。

（5）"再次变换"命令的组合键是Ctrl+D。按组合键Ctrl+D，则继续执行"再次变换"命令，共移动并复制出三个矩形，这三个矩形之间的间距均相等，如图2-89所示。

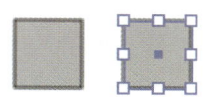

图2-87　图形的界定框　　　　图2-88　移动并复制矩形　　　　图2-89　再次变换三次的效果

9）"变换"面板

执行"窗口"→"变换"命令或按组合键Shift+F8，可以打开"变换"面板，如图2-90所示。使用"变换"面板可以快速地对对象进行精确的变换操作。

选择对象后，"变换"面板会显示该对象的长宽、位置、倾斜度、旋转度及对齐像素网格等信息，用户可以在相应的文本框中输入数值来进行变换。

"变换"面板中的"X"和"Y"分别表示对象的X坐标和Y坐标，在文本框中输入新数值可以移动对象；调整宽度和高度数值可以改变对象的宽度和高度，单击 图标切换到 图标，可以使宽度和高度等比例变换；调整 的数值可以改变对象的旋转角度；调整 的数值可以改变对象的倾斜度。选择"缩放描边和效果"复选框可以在变换对象的同时变换对象的描边和效果，保持对象边界与像素网格对齐，防止线条模糊。在对应的选项中输入数值后按Enter键就可以完成变换操作。

图2-90　"变换"面板

"变换"面板中的所有数值都是针对对象的界定框而言的，单击界定框 图标中的任何一个控制点，可以设置该控制点为新的变换中心点；单击"变换"面板右上角的 图标，可以打开面板的弹出菜单。

3. 图形的基本变形

Illustrator的工具箱中有一组变形工具组，如图2-91所示。通过这些工具可以对图形进行旋转扭曲、收缩、膨胀等变形操作。

1）宽度工具

使用"宽度工具" 可以对图形进行拉伸，将鼠标光标移动到拉伸对象上可以显示图形的边线和宽度信息。使用"宽度工具" 拉伸图形的操作步骤如下。

（1）选择需要拉伸的图形后，单击工具箱中的"宽度工具" 。

（2）将鼠标光标移至页面上，当其变为 时，在页面上拖曳鼠标光标，可以自由改变图形的宽度，如图2-92所示。

图2-91　变形工具组

48

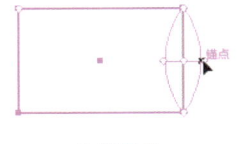

原图　　　　　　　　　拉伸图像　　　　　　　　拉伸图像后的效果

图 2-92　效果示意图

2）变形工具

使用"变形工具"可以对图形进行变形，通过在图形路径上增加新的锚点来改变原路径形态。它的使用方法很简单，步骤如下：

（1）选择需要变形的图形后，单击工具箱中的"变形工具"。

（2）将鼠标光标移至页面上，当其变为画笔时，按住 Alt 键，在页面上拖动鼠标光标，可自由改变画笔的宽度和高度。

（3）在图形上自由拖曳鼠标光标进行变形操作，如图 2-93 所示。在图形路径上拖动鼠标光标时，图形路径中会增加锚点，同时路径随着鼠标光标的移动方向改变。

双击工具箱中的"变形工具"，可以打开"变形工具选项"对话框对变形效果进行设置，如图 2-94 所示。对话框中的各选项介绍如下：

- 宽度：该选项控制画笔尺寸的宽度。
- 高度：该选项控制画笔尺寸的高度。
- 角度：当画笔尺寸的高度和宽度不一样时，该选项控制画笔的角度。例如，画笔角度 -45°的画笔为。
- 强度：该选项控制画笔的压力强度，强度越大，图形的变形效果越显著。
- 细节：该选项表示变形处理对象细节时的精确程度，数值越大，精确度越高。
- 简化：该选项表示使用变形工具后的效果的简化程度。
- 显示画笔大小：选择该复选框后，在操作中会显示画笔的尺寸。

图 2-93　变形操作　　　　　　　　图 2-94　"变形工具选项"对话框

3）旋转扭曲工具

使用"旋转扭曲工具"可以使图形进行旋转和扭曲变形，制作奇特的形状。下面通过一个实例来讲解"旋转扭曲工具" 的使用方法和步骤：

（1）创建一个星形，如图 2-95 所示。

（2）单击工具箱中的"旋转扭曲工具" ，鼠标光标变为画笔 ，按住 Alt 键，拖曳鼠标，可自由地改变画笔的宽度和高度。

（3）在星形上单击，则可以设置旋转中心点。旋转中心点在旋转扭曲过程中是不可见的，但却在起作用。在本例中，旋转中心点的位置设置在星形的中心，单击星形中心后，将自动进行旋转扭曲操作，释放鼠标后效果如图 2-96 所示。

如果旋转中心点不设置在图形中心，单击确定旋转中心点后，在图形路径上拖动鼠标光标可以进行自由的旋转扭曲操作，得到意想不到的各种旋转扭曲效果，如图 2-97 所示。在图形的路径锚点上拖曳鼠标的时间越长，旋转扭曲的旋转线就越复杂。

图 2-95　绘制星形　　　图 2-96　规则的旋转扭曲　　　图 2-97　自由的旋转扭曲

双击工具箱中的"旋转扭曲工具" ，打开"旋转扭曲工具选项"对话框，如图 2-98 所示，通过设置各选项可以改变旋转扭曲的效果。

由于"旋转扭曲工具选项"对话框和"变形工具选项"对话框的选项基本相同，不再赘述。该对话框增加了"旋转扭曲速率"选项，用来设置当画笔放置在对象上时旋转扭曲的速度，数值越大，旋转扭曲的速度越快。

4）缩拢工具

"缩拢工具" 可以使图形的路径自动产生收缩，成为曲线路径，还可以将多个路径融合在一起，并保持原路径的锚点。

"缩拢工具" 和"旋转扭曲工具" 的使用方法一样，不再重复讲解。在如图 2-95 所示的星形上进行收缩操作，如果收缩中心点的位置设置在星形中心，单击星形中心后，图形将自动进行收缩操作，释放鼠标后的效果如图 2-99 所示。

图 2-98　"旋转扭曲工具选项"对话框

如果收缩中心点不设置在图形中心，在图形路径上拖动鼠标光标可以进行自由的收缩操作，得到意想不到的各种收缩效果，如图 2-100 所示。

图 2-99　规则的缩放效果　　　图 2-100　自由的缩放效果

双击工具箱中的"缩拢工具" ，打开"收缩工具选项"对话框，通过设置各选项可以改变缩放的效果。由于该对话框和"变形工具选项"对话框的选项完全相同,在此不再重复讲解。

5)膨胀工具

使用"膨胀工具" 能使图形以圆形的形式向四周膨胀形成新的路径图形。

"膨胀工具" 和"旋转扭曲工具" 的使用方法一样。同样地,在如图 2-95 所示的星形上进行膨胀操作,如果将膨胀中心点的位置设置在星形中心,单击星形中心后,将自动进行规则的膨胀操作,释放鼠标后的效果如图 2-101 所示。

如果膨胀中心点不设置在图形中心,在图形路径上拖动鼠标光标可以进行自由膨胀操作,膨胀方向随着鼠标光标的移动方向改变,得到各种不规则的膨胀效果,如图 2-102 所示。

图 2-101　规则的膨胀效果　　　　　　图 2-102　自由的膨胀效果

双击工具箱中的"膨胀工具" ,打开"膨胀工具选项"对话框,通过设置各选项可以改变图形膨胀的效果。由于该对话框和"变形工具选项"对话框的选项完全相同,在此不再重复讲解。

6)扇贝工具

使用"扇贝工具" 可以收缩图形路径,形成多个锐角。"扇贝工具" 的使用方法和其他变形工具的使用方法一样。本例在如图 2-103 所示的多边形上进行扇贝操作,如果中心点的位置设置在多边形的中心,单击多边形的中心后,多边形自动收缩形成多个锐角,释放鼠标后的效果如图 2-104 所示。

如果中心点不设置在图形的中心,在图形路径上拖动鼠标光标可以进行自由的扇贝变形操作,收缩的方向随着鼠标的移动方向改变,得到各种不规则的收缩效果,如图 2-105 所示。

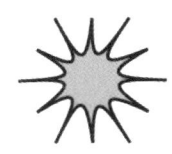

图 2-103　多边形　　　　图 2-104　规则收缩效果　　　　图 2-105　自由收缩效果

双击工具箱中的"扇贝工具" ,打开"扇贝工具选项"对话框,通过设置各选项可以改变图形收缩的效果,如图 2-106 所示。

在"扇贝工具选项"对话框中,除了熟悉的"全局画笔尺寸"栏的四个选项,还增加了"扇贝选项"栏,对该栏中各选项的介绍如下。

- 复杂性:该选项控制扇形扭曲产生的弯曲路径数量。
- 细节:选择该复选框表示可以设置变形细节,细节的数值越大,变形产生的锚点越多,对象的细节越细腻。
- 画笔影响锚点:选择该选项表示变形时对象锚点的每个转角均产生相对应的转角锚点。

Illustrator 平面设计

- 画笔影响内切线手柄：选择该选项表示对象将沿着内切线方向变形。
- 画笔影响外切线手柄：选择该选项表示对象将沿着外切线方向变形。

7）晶格化工具

使用"晶格化工具"可以对图形路径产生晶格化的效果，形成锐角或尖角的路径。

"晶格化工具"的使用方法和其他变形工具的使用方法一样，但效果却不一样。使用"晶格化工具"对多边形进行变形操作，如果中心点设置在多边形的中心，单击后，多边形自动进行规则的晶格化变形，释放鼠标后的效果如图2-107所示。

如果中心点不设置在多边形的中心，在图形路径上拖动鼠标光标可以进行自由的晶格化变形操作，变形的方向随着鼠标光标的移动方向改变，得到各种不规则的晶格化变形效果，如图2-108所示。

图2-106　"扇贝工具选项"对话框　　图2-107　规则的晶格化变形　　图2-108　自由的晶格化变形

双击工具箱中的"晶格化工具"，打开"晶格化工具选项"对话框，通过设置各选项可以改变图形晶格化变形的效果。该对话框中的选项和"扇贝工具选项"对话框中的选项完全相同，在此不再重复讲解。

8）褶皱工具

使用"褶皱工具"可以对图形路径产生褶皱效果，形成波浪形舒缓的圆角。

例如，选择一个多边形，在工具箱中单击"褶皱工具"，将鼠标光标移至图形上，在图形路径上拖动鼠标光标进行自由褶皱变形操作，图形路径随着鼠标光标的移动不断增加锚点，并随着鼠标光标移动的方向形成圆角变形效果，如图2-109所示。

双击工具箱中的"褶皱工具"，打开"褶皱选项"对话框，通过设置各选项可以改变图形褶皱变形的效果，如图2-110所示。除了与"扇贝工具选项"对话框中相同的选项，该对话框中增加了以下选项。

- 水平：该选项设置水平方向的褶皱数量，数值越大褶皱效果越强烈。
- 垂直：该选项设置垂直方向的褶皱数量，数值越大褶皱效果越强烈。

图 2-109　褶皱变形效果　　　　　　　　图 2-110　"褶皱选项"对话框

案例——婀娜身材

（1）使用"椭圆工具"绘制一个椭圆形，并在"色板"面板中设置填色为"CMYK 黄"，描边为"黑色"，效果如图 2-111 所示。

（2）在工具箱中单击"旋转工具"，并将鼠标光标移至页面上单击，确定旋转中心点，中心点的位置如图 2-112 所示。

（3）确定中心点后，按住 Alt 键的同时拖动图形，复制一个新图形，并围绕中心点旋转一定的角度。释放鼠标后，旋转效果如图 2-113 所示。

（4）选择旋转的图形，按 Ctrl+D 组合键，再次进行旋转和复制。多次重复该操作，复制多个新图形，效果如图 2-114 所示。

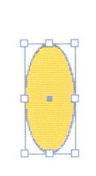

图 2-111　椭圆形效果　　图 2-112　中心点的位置　　图 2-113　复制并旋转图形　　图 2-114　多个图形的效果

（5）按 Ctrl+A 组合键，选中所有图形，执行"窗口"→"路径查找器"命令，打开"路径查找器"面板，单击"差集"按钮，如图 2-115 所示。这时，所选的图形的重叠区域被挖空，并自动群组为一个图形组，效果如图 2-116 所示。

（6）使用"选择工具"选择图形组，使图形四周出现界定框。将鼠标光标放在界定框四个对角控制点上的任意一个，使鼠标光标变为。这时，拖动鼠标光标对图形组进行缩放，使其缩放到合适大小，并将其拖移到页面的左上角。

（7）选择图形组，双击"选择工具"，打开"移动"对话框，设置图形组的水平移动距离，如图 2-117 所示。

（8）单击"复制"按钮，将图形组进行复制并水平移动一定距离。选择新复制的图形组，按 Ctrl+D 组合键，再次进行复制和移动操作。这时，页面上共有三个图形组。

（9）按 Ctrl+A 组合键，选中所有图形，双击"选择工具"，打开"移动"对话框，设置水平移动距离为 0，垂直移动距离为 60mm。

Illustrator 平面设计

图 2-115　单击"差集"按钮 　　　图 2-116　挖空效果 　　　图 2-117　设置水平移动距离

（10）单击"复制"按钮，将选中的三个图形组进行复制并垂直向下移动一定距离。选择新复制的三组图形，按两次 Ctrl+D 组合键，再次进行复制和移动操作两次。这时，页面中的图形组分布效果如图 2-118 所示。

（11）按 Ctrl+A 组合键，选中所有图形，执行"窗口"→"对齐"命令，打开"对齐"面板，如图 2-119 所示。

图 2-118　图形组分布效果 　　　　　　图 2-119　"对齐"面板

（12）在"对齐"面板中单击"水平分布间距"按钮，使图形水平平均分布间距，效果如图 2-120 所示；单击"垂直分布间距"按钮，使图形垂直平均分布间距，效果如图 2-121 所示。

图 2-120　水平分布间距效果 　　　　　图 2-121　垂直分布间距效果

（13）使用"矩形工具"绘制一个和页面相同大小的矩形，并设置填色为"深海蓝色"。执行"对象"→"排列"→"置于底层"命令，使效果如图 2-122 所示。

（14）使用"钢笔工具"绘制一个人体剪影图形，并任意设置一个填充颜色，效果如图 2-123 所示。

（15）按Ctrl+A组合键，选中所有图形，右击，在弹出的快捷菜单中选择"建立剪切蒙版"命令。这时，位于顶层的图形将排列在下层的图形进行剪切蒙版，效果如图2-124所示。

（16）使用"钢笔工具" 绘制一个领口图形，并填充颜色"肤色"。使用"文字工具" 在页面的左下角添加文字"婀娜身材"，并设置文字的字体和填色。

至此，该实例制作完成，效果如图2-125所示。

图2-122　矩形效果　　　图2-123　人体剪影图效果　　　图2-124　剪切蒙版效果　　　图2-125　完成效果

项目总结

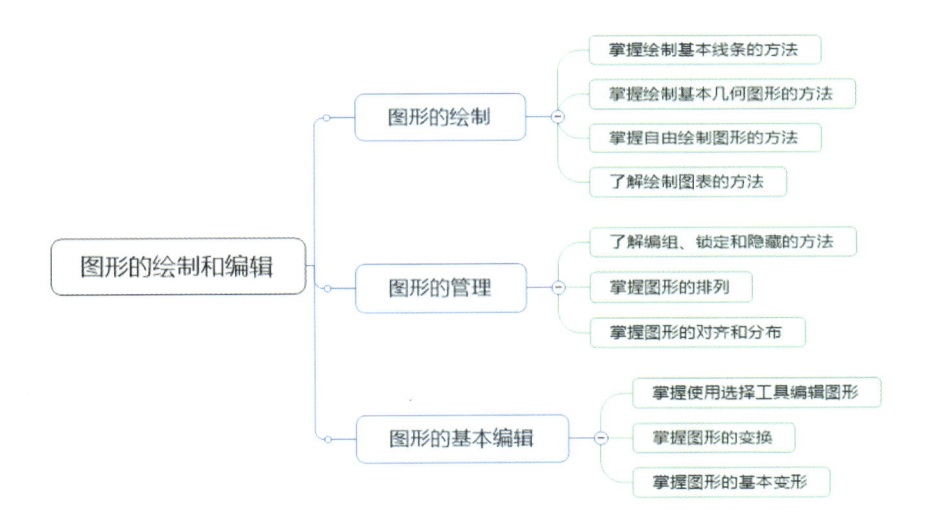

图形的绘制和编辑
- 图形的绘制
  - 掌握绘制基本线条的方法
  - 掌握绘制基本几何图形的方法
  - 掌握自由绘制图形的方法
  - 了解绘制图表的方法
- 图形的管理
  - 了解编组、锁定和隐藏的方法
  - 掌握图形的排列
  - 掌握图形的对齐和分布
- 图形的基本编辑
  - 掌握使用选择工具编辑图形
  - 掌握图形的变换
  - 掌握图形的基本变形

项目实战

◆ 实战一　绘制祥云

（1）新建一个文档。

（2）使用"螺旋线工具" 绘制螺旋图形。

（3）使用"直接选择工具" 将螺旋路径调整为云彩形状，并设置描边的粗细和颜色，如图2-126所示。

（4）使用"文字工具" 添加文本，效果如图2-127所示。

Illustrator 平面设计

图 2-126　绘制云彩形状

图 2-127　添加文本

◆ **实战二　制作公司名片**

（1）新建一个文档。

（2）按 Ctrl+R 组合键调出标尺，右击标尺，在弹出的快捷菜单中选择"毫米"命令，如图 2-128 所示，将单位设置为毫米。

（3）在工具箱中单击"矩形工具"，绘制一个宽度为 90mm，高度为 54mm 的矩形，如图 2-129 所示。

图 2-128　快捷菜单

图 2-129　绘制矩形

（4）使用"椭圆工具"并按住 Shift 键，绘制一个圆形，设置填充为蓝色，描边为无，如图 2-130 所示。

（5）选择圆形，按 Ctrl+C 组合键复制圆形，再按 Ctrl+V 组合键粘贴圆形，将复制的圆形设置为红色。

（6）在工具箱中单击"比例缩放工具"，按 Shift 键并拖动鼠标，将复制的圆等比例缩放，如图 2-131 所示。

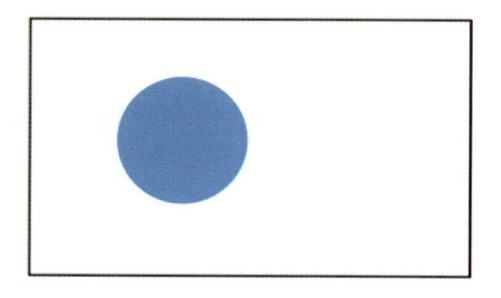

图 2-130　绘制圆形

图 2-131　缩放圆形

（7）使用同样的方法复制多个圆形，调整它们的大小和颜色，如图 2-132 所示。

（8）选择所有圆形，执行"对象"→"编组"命令，将圆形编成一组，并设置不透明度为 90%。

（9）使用"椭圆工具"，绘制描边为白色的多个圆形，并设置不透明度为 80%，如图 2-133 所示。

图 2-132　复制圆形　　　　　　　　　　图 2-133　绘制圆形

（10）执行"文件"→"置入"命令，将素材名片置入矩形中，并调整位置和大小，将其嵌入，删除矩形，如图 2-134 所示。

（11）使用"文字工具"添加文本，效果如图 2-135 所示。

图 2-134　置入图片　　　　　　　　　　图 2-135　最终效果

项目三

路径的应用

思政目标

➢ 培养学生对本课程的兴趣及自主探索能力。
➢ 充分发挥主观能动性，提高独立思考、推陈出新的能力。

技能目标

➢ 掌握路径建立的方法。
➢ 掌握路径的编辑运用。
➢ 了解位图与路径转换的方法。

项目导读

路径在图形绘制过程中的应用非常广泛，尤其在不规则图形的绘制和编辑上，有着较强的灵活性。本章主要学习路径工具的使用方法和特性，以及使用路径编辑命令对图形路径进行编辑。

任务 1　路径的建立

任务引入

领导又给小王布置了新工作，有一本教材中的图片不清楚，老师无法授课，领导要求小王把图片描绘出来，变成矢量图，方便老师观看。那么，小王应该用什么工具进行描绘呢？

知识准备

绘制路径通常使用"钢笔工具" 和"铅笔工具" 。使用"铅笔工具" 绘制的路径相对自由，绘制的图形具有一定的随意性。相反，使用"钢笔工具"绘制的图形比较准确，可以绘制直线、曲线和任意形状的图形，是 Illustrator 最基本和重要的矢量绘图工具。

1．创建路径

"钢笔工具"的使用方法很简单。在工具箱中选择"钢笔工具"后，在页面上单击，可以生成直线、曲线等多种线条的路径。

在使用"钢笔工具"时，按住 Shift 键可以绘制出水平或垂直的直线路径。单击页面，生成的是边角型锚点；按下并拖曳鼠标，能生成平滑型锚点。拖曳鼠标时，路径的长短和方向直接影响两个锚点之间的曲率。

要结束正在绘制的开放路径，可以再次单击"钢笔工具"，或者按住 Ctrl 键来结束绘制。绘制闭合路径时，将鼠标光标放置在路径的起点，当鼠标光标显示为 时，单击即可将路径闭合并结束绘制。

另外，使用"钢笔工具"还可以连接开放路径：首先在页面中选中两个开放路径的锚点，单击工具箱中的"钢笔工具"。然后，在其中一个锚点上单击，再把鼠标光标放置到另一个锚点上。当鼠标光标显示为 时，单击即可连接路径。

2．新增锚点

锚点是路径的基本元素，通过对锚点的调整可以改变路径的形状。在平滑锚点上可以通过拖动控制柄上的方向控制点来改变曲线路径的曲率和凹凸的方向。控制柄越长，曲线的曲率越大，如图 3-1 所示。

绘制路径时很难一步到位，经常需要调节锚点的数量和类型。这时，需要用到增加、删除和转换锚点的工具。

在工具箱中单击"添加锚点工具"，将鼠标光标移动到路径上单击，将在单击的位置添加一个新锚点，如图 3-2 所示。在直线路径上增加的锚点是边角型锚点，在曲线路径上增加的锚点是平滑型锚点。

如果需要在路径上添加大量锚点，可以执行"对象"→"路径"→"添加锚点"命令，系统会自动在路径的每两个锚点之间添加一个锚点。

图 3-1　拖动控制柄来改变路径曲率　　　　图 3-2　添加锚点

3．删除锚点

使用"删除锚点工具"可以删除路径上的锚点。首先在工具箱中单击"删除锚点工具"，将鼠标光标移动到需要删除的锚点上后单击，将删除该锚点，如图 3-3 所示。删除锚点后，图形的路径会发生改变，如图 3-4 所示。

图 3-3　删除锚点　　　　图 3-4　删除锚点后的效果

Illustrator 平面设计

4. 转换锚点

使用"锚点工具"可以使路径的边角型锚点和平滑型锚点相互转换，从而改变路径的形状。

选择需要转换类型的边角型锚点后，使用"锚点工具"在该锚点上按下鼠标并进行拖曳，该锚点转换为平滑型锚点，锚点的两侧产生控制柄。通过拖动控制柄来改变路径的曲率和凹凸的方向，如图 3-5 所示。

如果要将平滑型锚点转换为边角型锚点，使用"锚点工具"在平滑型锚点上单击即可，如图 3-6 所示。转换为边角型锚点后，图形的路径将发生改变，如图 3-7 所示。

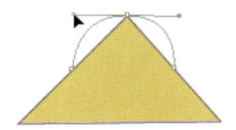

图 3-5　转换为平滑型锚点　　　图 3-6　转换为边角型锚点　　　图 3-7　转换锚点后的效果

● 案例——绘制小鱼

（1）执行"文件"→"新建"命令，弹出"新建文档"对话框，设置如图 3-8 所示，单击"确定"按钮退出对话框，如图 3-9 所示。

图 3-8　"新建文档"对话框　　　图 3-9　新建文档

（2）在工具箱中单击"钢笔工具"，在绘图区绘制小鱼的线形图，如图 3-10 所示。

（3）在工具箱中单击"直接选择工具"，选取绘制的闭合路径，如图 3-11 所示，按 F6 键，打开"颜色"面板，把鼠标放置在"CMYK 颜色色谱"上，鼠标光标自动变成颜色吸取工具，如图 3-12 所示。在"颜色"面板上选取颜色并单击，所选取的颜色就被填充在闭合路径上，效果如图 3-13 所示。

（4）按照步骤（3）的方法为小鱼的其他路径图形填充颜色，如图 3-14 所示，并按 Ctrl+G 组合键把填充完成的路径图形进行组合。

（5）在工具箱中单击"钢笔工具"，在绘图区绘制水草的闭合路径，并填充颜色，效果如图 3-15 所示。

图 3-10 小鱼的线形图 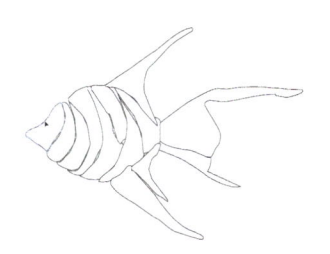　　　图 3-11 选取闭合路径 　　　图 3-12 在"颜色"面板上选取颜色

图 3-13 填充后的效果 　　　图 3-14 填充线稿图 　　　图 3-15 绘制水草

（6）执行"对象"→"排列"→"置于顶层"命令，调整水草与小鱼的顺序，如图 3-16 所示。

（7）在工具箱中单击"椭圆工具" ，在绘图区绘制一个椭圆形，执行"窗口"→"色板"命令，打开色板，选取海绿色块填充椭圆形。执行"对象"→"排列"→"置于底层"命令，将填充的椭圆形作为背景放置在所有图层的底层，效果如图 3-17 所示。

（8）再次在工具箱中单击"椭圆工具" ，在绘图区绘制一个较大的椭圆形，在色板中选取宝石绿色块填充椭圆形。再次执行"对象"→"排列"→"置于底层"命令，将填充的椭圆形作为背景放置在所有图层的底层，效果如图 3-18 所示。

图 3-16 排列效果 　　　图 3-17 排列椭圆形至底部 　　　图 3-18 最终效果

任务2　路径的编辑

任务引入

小王在描绘图形时发现绘制了很多开放路径，不知道应该怎么办，通过请教同事才知道，在 Illustrator 中可以运用菜单栏中的路径连接将开放路径连接到一起。那么，怎样运用路径连接呢？路径的编辑方法有哪些呢？

知识准备

在绘制复杂路径时，往往都不能在一开始就精确地完成需要绘制的对象轮廓，而是要使用其他工具和命令进行编辑，最终达到所需效果。Illustrator 中有多种编辑路径的工具和命令，下面将详细介绍一些高级路径编辑工具和命令。

1. 使用工具编辑路径

1）整形工具

使用"整形工具"可以轻松地改变对象的形状。

首先使用"直接选择工具"选择路径线段，并单击工具箱中的"整形工具"。然后，使用"整形工具"在路径上单击并拖曳鼠标，使路径产生变形，如图 3-19 所示。当"整形工具"在路径上时，将在路径上添加一个平滑锚点。

图 3-19　改变路径形状示意图

2）剪刀工具

使用"剪刀工具"可以将路径剪开。

首先选择路径，并单击工具箱中的"剪刀工具"。然后，将鼠标光标移至页面上，鼠标光标变为十字光标，如图 3-20 所示。这时，如果在锚点上单击，将添加一个新的锚点重叠在原锚点上；如果在路径上单击，将添加两个新的重叠锚点，且新添加的锚点显示为被选取状态。使用"直接选择工具"拖动新添加的锚点，即可观察到路径被剪开的效果，如图 3-21 所示。

图 3-20　"剪刀工具"的十字光标　　　图 3-21　路径被剪开的效果

3）美工刀工具

使用"美工刀工具"可以在对象上做不规则线条的任意分割。

首先选择对象，并单击工具箱中的"美工刀工具"。然后，在对象上拖曳鼠标光标画出切割线条，如图 3-22 所示。切割完成后，可以看到对象上分割出新的路径，如图 3-23 所示。使用"直接选择工具" ▶ 拖动分割的路径，即可观察到路径被分割成几块的效果，如图 3-24 所示。

图 3-22　切割对象　　　　图 3-23　产生新的路径　　　　图 3-24　分割效果

在切割过程中，如果按住 Alt 键，则可以以直线的方式切割对象；如果按住 Shift+Alt 组合键，则可以以水平、垂直或 45°方向切割对象。

4）橡皮擦工具

使用"橡皮擦工具" ◆ 可以擦除图稿的任何区域，不论图稿的结构如何。擦除对象还可以包括路径、复合路径、"实时上色"组内的路径和剪贴路径等。

使用"橡皮擦工具" ◆ ，首先需要选择擦除对象，如果未选定任何内容，则抹除画板上的任何对象。若要抹除特定对象，可以在隔离模式下选择或打开这些对象。确定擦除对象后，选择工具箱中的"橡皮擦工具" ◆ ，在要抹除的区域上拖动，橡皮擦经过的区域将被抹除，如图 3-25 中的右图所示。

选择"橡皮擦工具" ◆ 后，在工作区中按住 Alt 键，并拖动出一个选框，则该选框区域内的所有对象都被擦除，如图 3-26 所示。若将选框限制为方形，则拖动时按住 Alt+Shift 组合键。

图 3-25　擦除经过的区域　　　　　　　　图 3-26　擦除选框区域

2．在路径查找器中编辑路径

路径查找器是一个带有强大路径编辑功能的面板，该面板可以帮助用户方便地组合、分离和细化对象的路径。执行"窗口"→"路径查找器"命令或按 Shift+Ctrl+F9 组合键，即可打开该面板，如图 3-27 所示。

"路径查找器"面板提供了十种不同的路径编辑功能，分为"形状模式"和"路径查找器"两类路径运算命令。

1）与形状区域相加

单击"联集"按钮 ■ ，可以使两个或两个以上的重叠对象合并为具有同一轮廓线的一个

63

Illustrator 平面设计

对象，并将重叠的部分删除。几个不同颜色的形状区域相加后，新产生的路径颜色将和原来重叠在顶层的对象颜色相同。

如图 3-28 所示，同时选中三个不同颜色的椭圆形，单击"路径查找器"面板中的"联集"按钮▣，将它们合并为一个对象。合并后的对象颜色和顶层的椭圆形颜色相同，为白色，效果如图 3-29 所示。

图 3-27 "路径查找器"面板　　图 3-28 选择三个椭圆形　　图 3-29 合并后的效果

2）与形状区域相减

单击"减去顶层"按钮▣，可以使两个重叠对象相减，位于顶层的路径将被删除，新产生的路径颜色将和原来重叠在底层对象的颜色相同。如图 3-30 所示，同时选择两个图形，单击"减去顶层"按钮▣，使底层的图形减去顶层的图形，效果如图 3-31 所示。

3）与形状区域相交

单击"交集"按钮▣，可以使两个重叠对象相减，但重叠的区域会被保留，不重叠的区域将被删除。同样地，选择如图 3-30 所示的两个图形，单击"交集"按钮▣，效果如图 3-32 所示。新产生的路径颜色属性将和顶层对象的颜色相同。

图 3-30 选择两个重叠对象　　图 3-31 重叠区域相减后的效果　　图 3-32 与形状区域相交的效果

4）排除重叠形状区域

单击"差集"按钮▣，可以使两个重叠对象保留不相交的区域，重叠的区域将被删除。选择如图 3-30 所示的两个图形，单击"差集"按钮▣，效果如图 3-33 所示。新产生的路径颜色属性将和顶层对象的颜色相同。

5）分割

单击"分割"按钮▣，可以将所选路径的重叠对象按照边界进行分割，最后形成一个路径的群组。解组后，可以对单独的路径进行编辑修改。

选择如图 3-34 所示的两个图形，单击"分割"按钮▣，分割两个图形重叠的区域。执行"对象"→"取消编组"命令，将分割后的群组取消。这时，拖动路径即可观察到路径被分割的效果，如图 3-35 所示。

6）修边

单击"修边"按钮▣，可以使两个或多个重叠对象相减并进行分割，形成一个路径的群组。在重叠区域中，排列在后层的区域将被删除，保留排列在顶层的路径。

图 3-33　排除重叠形状区域后的效果　　图 3-34　选择分割图形　　图 3-35　分割路径的效果

同样地，选择如图 3-34 所示的两个图形，单击"修边"按钮，将分割两个图形重叠的区域，并将排列在后层的区域删除。这时，将修边后产生的群组取消编组，拖动路径即可观察到路径被分割和删除的效果，如图 3-36 所示。

7）合并

单击"合并"按钮，可以将重叠对象颜色相同的重叠区域合并为一个图形，形成一个路径的群组，而重叠区域中颜色不同的部分则被删除。

选择如图 3-37 所示的四个图形，单击"合并"按钮，将它们合并为一个群组。执行"取消编组"命令后，编辑单独的路径，可以看到相同颜色的区域已经合并，不同颜色的重叠部分被删除，如图 3-38 所示。

图 3-36　修边后的效果　　图 3-37　选择四个图形　　图 3-38　合并后的效果

8）裁剪

单击"裁剪"按钮，可以使重叠对象相减并进行分割，形成一个路径的群组。重叠区域的底层路径会保留，其余区域将被删除。新产生的路径颜色属性将和底层对象的颜色相同。

选择如图 3-39 所示的两个图形，单击"裁剪"按钮，这时，底层的图形未重叠的区域被删除，只保留和顶层图形重叠的区域，效果如图 3-40 所示。

9）轮廓

单击"轮廓"按钮，可以将重叠的对象分割并转换为编组的轮廓线。

选择如图 3-41 所示的两个图形，单击"轮廓"按钮，将图形进行分割并转换为群组的轮廓线。执行"取消编组"命令后，分别拖动轮廓线，可以看到分割后的轮廓线为开放路径，如图 3-42 所示。

图 3-39　选择图形（1）　　图 3-40　裁减后的效果　　图 3-41　选择图形（2）

10）减去后方对象

单击"减去后方对象"按钮，可以使重叠对象相减，顶层对象中的重叠区域和底层的对象将被删除。

选择如图 3-43 所示的两个图形，单击"减去后方对象"按钮，后方的星形对象被删除，圆形和星形的重叠区域也被删除，效果如图 3-44 所示。

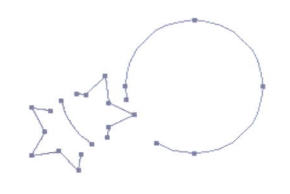

图 3-42　开放路径 　　　　图 3-43　选择图形（3） 　　　　图 3-44　减去后方对象的效果

3．使用菜单命令编辑路径

执行"对象"→"路径"命令，即可看到"路径"的扩展菜单命令，如图 3-45 所示。下面介绍常用的几个命令。

图 3-45　"路径"的扩展菜单命令

1）"连接"命令

使用"连接"命令可以将当前选中且分别处于两条开放路径末端的锚点合并为一个锚点。具体操作步骤如下。

（1）使用"直接选择工具"选取开放路径末端的两个锚点，如图 3-46 所示。

（2）执行"对象"→"路径"→"连接"命令，被分离的两个锚点将连接，开放路径转换为封闭式路径，效果如图 3-47 所示。

（3）使用"连接"命令还可以合并重叠的两个锚点。如图 3-48 所示，使用"直接选择工具"将图 3-46 中路径末端的一个锚点拖曳到另一个锚点上，实际上，这两个重叠的锚点并没有连接在一起，路径仍然是开放路径。

那么，如何将重叠的两个锚点合并呢？具体操作步骤如下。

（1）使用"直接选择工具"拖曳出一个选择框，选取重叠的两个锚点。

（2）执行"对象"→"路径"→"连接"命令。

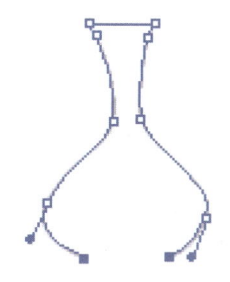

图 3-46　选择锚点 　　　　图 3-47　连接锚点 　　　　图 3-48　重叠的锚点

（3）在控制面板上选择将合并的锚点为边角型锚点或平滑型锚点，如图3-49所示。这时，两个重叠的锚点合并为一个锚点，开放路径转换为封闭式路径。

另外，也可以在选择重叠的锚点后按住Alt键，并执行"连接"命令。

2）"平均"命令

使用"平均"命令可以将选择的多个锚点均匀排列。

执行"对象"→"路径"→"平均"命令，将弹出"平均"对话框，如图3-50所示。在该对话框中，用户可以设置平均放置锚点的方向，各选项的含义如下。

- 水平：该选项可以使被选择的锚点在水平方向平均并对齐排列。
- 垂直：该选项可以使被选择的锚点在垂直方向平均并对齐排列。
- 两者兼有：该选项可以使被选择的锚点在水平和垂直方向平均并对齐排列，锚点将移至同一个点上。

例如，创建如图3-51所示的两个图形，并使用"直接选择工具"通过框选的方法同时选中这两个图形末端的锚点。

图3-49　指定锚点类型　　　图3-50　"平均"对话框　　　图3-51　创建图形

执行"对象"→"路径"→"平均"命令，在弹出的"平均"对话框中分别验证三种轴选项的不同效果，如图3-52～图3-54所示。

图3-52　"水平"效果　　　图3-53　"垂直"效果　　　图3-54　"两者兼有"效果

3）"偏移路径"命令

使用"偏移路径"命令可以将路径向内或向外偏移一定距离，并复制一个新的路径。

执行"对象"→"路径"→"偏移路径"命令，将弹出"偏移路径"对话框，如图3-55所示。在该对话框中，用户可以设置偏移参数，各选项的含义如下。

- 位移：该选项可以控制路径的偏移量。若数值为正值，则路径向外偏移；若数值为负值，则路径向内偏移。
- 连接：在该选项的下拉列表中可以选择转角的连接方式，包括斜接、圆角和斜角。
- 斜接限制：该选项可以限制斜角的突出。

图3-55　"偏移路径"对话框

Illustrator 平面设计

4）"分割下方对象"命令

使用"分割下方对象"命令可以将选定的对象作为切割器对其他对象进行切割。用于切割的对象可以是封闭式路径，也可以是开放路径。切割后，选定对象被删除。

选定一个封闭式路径，如图 3-56 所示，执行"对象"→"路径"→"分割下方对象"命令，将下方的圆形进行分割，效果如图 3-57 所示。拖动分割后的路径，可以观察分割效果，如图 3-58 所示。

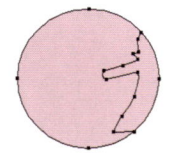

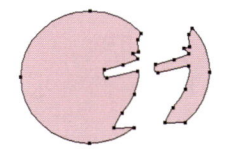

图 3-56　选择封闭式路径　　　图 3-57　分割效果（1）　　　图 3-58　分割路径后的路径

选定一个开放路径，如图 3-59 所示，执行"对象"→"路径"→"分割下方对象"命令，将下方的圆形进行分割，效果如图 3-60 所示。拖动分割后的路径，可以观察分割效果，如图 3-61 所示。

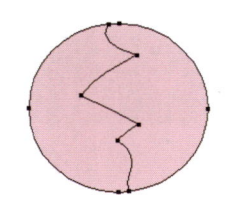

图 3-59　选择开放路径　　　图 3-60　分割效果（2）　　　图 3-61　分割路径后的效果

案例——填补三角形

（1）执行"文件"→"打开"命令，打开"源文件/项目三/3-1.ai"文档，该文档包含三个以不同角度放置的三角形，如图 3-62 所示。

（2）在工具箱中选择"添加锚点工具"，在各个三角形底部的中间段添加一个锚点，如图 3-63 所示。

图 3-62　以不同角度放置的三角形　　　图 3-63　添加锚点

（3）使用"直接选择工具"，按住 Shift 键，依次选中添加的三个锚点，执行"对象"→"路径"→"平均"命令，打开"平均"对话框，选中"两者兼有"单选按钮，如图 3-64 所示，将这三个锚点在水平和垂直方向平均并对齐，最终效果如图 3-65 所示。

图 3-64　"平均"对话框　　　　　　　　图 3-65　最终效果

4. 封套扭曲

使用"封套扭曲"命令会出现比较理想的效果，执行"对象"→"封套扭曲"→"用变形建立"命令，弹出"变形选项"对话框，如图 3-66 所示。按 Ctrl+Shift+Alt+W 组合键，也可以打开"变形选项"对话框。在"样式"下拉菜单下可以根据需要选择样式，并对弯曲、扭曲等进行设置，达到想要的效果，如图 3-67 所示。

图 3-66　"变形选项"对话框　　　　　　图 3-67　选择不同的样式显示的效果

5. 建立复合路径

使用"复合路径"命令可以将多个路径编辑为一个复杂的路径，并将底层路径和排列在前层路径的重叠区域挖空。

选择如图 3-68 所示的路径，四个红色的椭圆形和一个底层的黑色圆形重叠。执行"对象"→"复合路径"→"建立"命令，将底层的圆形和椭圆形重叠的区域挖空，并将其合并为一个路径，如图 3-69 所示。合并后的路径颜色和底层路径的颜色相同。

如果需要把复合路径分解为初始路径，执行"对象"→"复合路径"→"释放"命令，即将复合路径中的对象释放出来，为初始的图形路径，但颜色仍然为底层路径的颜色，如图 3-70 所示。

图 3-68　选择路径　　　　图 3-69　建立复合路径　　　　图 3-70　释放复合路径

Illustrator 平面设计

案例——新品上市广告

（1）在工具箱中选择"矩形工具" ，并绘制一个和页面大小相同的矩形，在拾色器中设置矩形的填色为 C:34%、M:3%、Y:0%、K:0%，效果如图 3-71 所示。

（2）选择刚才绘制的矩形，执行"对象"→"锁定"→"所选对象"命令，将矩形作为背景锁定，以免在后面的操作中误选。

（3）选择"椭圆工具" ，按住 Shift 键，绘制一个圆形。在"色板"面板中设置该圆形的描边为"深海蓝色"，填色为"无"。

（4）按 Ctrl+F10 组合键，打开"描边"面板，设置圆形的描边"粗细"为 20pt，并调整圆形的位置，效果如图 3-72 所示。

（5）选择圆形，在工具箱中双击"比例缩放工具" ，打开"比例缩放"对话框，设置比例缩放的数值，并选择"比例缩放描边和效果"复选框，如图 3-73 所示。

图 3-71 绘制矩形　　图 3-72 圆形的位置　　图 3-73 设置比例缩放

（6）单击"复制"按钮，复制一个新的圆形，将其放大到原图形的两倍，效果如图 3-74 所示。选择刚复制的圆形，连续按 Ctrl+D 组合键三次，按照上一次缩放设置连续三次进行比例缩放和复制，效果如图 3-75 所示。

（7）选择"矩形工具" ，绘制一个矩形，该矩形和在步骤（1）中绘制的矩形大小相同，填色可任意设置颜色。按 Ctrl+A 组合键，选中页面中的所有图形，如图 3-76 所示。

（8）选中所有图形，右击，在弹出的快捷菜单中选择"建立剪切蒙版"命令，矩形外的所有区域被剪切，效果如图 3-77 所示。

图 3-74 缩放效果　　图 3-75 比例缩放和复制效果　　图 3-76 选中所有图形　　图 3-77 剪切蒙版效果

（9）按 Ctrl+A 组合键，选中页面中的所有图形，执行"对象"→"锁定"→"所选对象"命令，将所有图形锁定，以便在图形上绘制路径。

（10）选择"钢笔工具"，绘制一个飞机剪影图形，并在"色板"面板中设置其填色为"红色"，飞机剪影图形如图3-78所示。调整飞机剪影图形的大小和位置，如图3-79所示。

（11）选择"椭圆工具"，绘制多个大小不一的椭圆形，并设置填色为"红色"，描边为"无"，效果如图3-80所示。

（12）选择"椭圆工具"，绘制一个红色的椭圆形。使用"文字工具"在椭圆形上输入文字"JET"，并设置文字的填色为白色，效果如图3-81所示。

图3-78 飞机剪影图形　　图3-79 飞机剪影图形的　　图3-80 椭圆形效果　　图3-81 文字效果
　　　　　　　　　　　　　　　　　　大小和位置

（13）选择文字，执行"对象"→"封套扭曲"→"用变形建立"命令，打开"变形选项"对话框，设置"样式"为"凸出"，并设置弯曲数值，如图3-82所示。

（14）单击"确定"按钮，文字变形效果如图3-83所示。选择文字和椭圆形，双击"旋转工具"，在弹出的"旋转"对话框中设置旋转角度，如图3-84所示。单击"确定"按钮，使所选对象旋转。

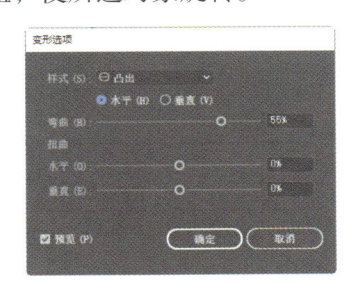

图3-82 设置弯曲数值　　　　图3-83 文字变形效果　　　　图3-84 设置旋转角度

（15）选择"钢笔工具"，绘制一个不规则的多边形，并在"色板"面板中设置其填色为"红色"，描边为"无"，效果如图3-85所示。

（16）选择"直线段工具"，在"色板"面板中设置描边颜色为白色，在"描边"面板中设置"粗细"为2pt。在多边形上绘制三条线段，使多边形初具透视效果，如图3-86所示。

（17）选择"直接选择工具"，依次选择多边形的锚点并进行拖移，微调多边形的透视效果，使透视更加逼真自然，效果如图3-87所示。

（18）选择"直线段工具"，继续在多边形上绘制多条线段，效果如图3-88所示。

图3-85 多边形效果　　图3-86 添加线段效果　　图3-87 微调透视效果　　图3-88 添加多条线段效果

71

Illustrator 平面设计

（19）选择"直线段工具"，设置描边颜色为红色，描边"粗细"为 2pt。绘制多条线段，使其连接带文字的椭圆形和多边形，效果如图 3-89 所示。

（20）选择如图 3-89 所示的图形，执行"对象"→"编组"命令，将所选图形进行编组，调整该图形组的大小和位置，效果如图 3-90 所示。

（21）选择"椭圆工具"，绘制一个红色的椭圆形，使用"文字工具"在椭圆形上输入文字"THE LINES"，打开"字符"面板，设置如图 3-91 所示，并设置文字的填色为白色，效果如图 3-92 所示。

图 3-89　绘制线段　　图 3-90　图形组的大小和位置　　图 3-91　设置字符参数　　图 3-92　文字效果

（22）选择文字，执行"对象"→"封套扭曲"→"用变形建立"命令，打开"变形选项"对话框，设置"样式"为"膨胀"，并设置弯曲数值，如图 3-93 所示。

（23）单击"确定"按钮，文字变形效果如图 3-94 所示。选择文字和椭圆形，双击"旋转工具"，在弹出的"旋转"对话框中设置旋转角度为 30°。单击"确定"按钮，使所选对象逆时针旋转 30°。

（24）使用"编组选择工具"框选图形组中的多边形和红色连接线段，双击"镜像工具"，打开"镜像"对话框，设置镜像轴如图 3-95 所示。单击"复制"按钮，将所选图形复制出一个对称的图形。

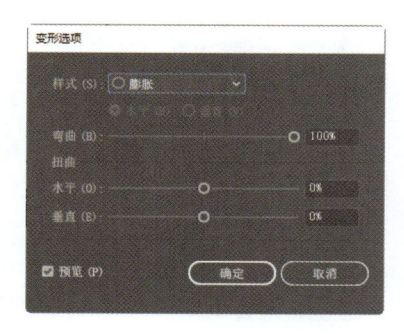

图 3-93　设置膨胀变形　　图 3-94　变形效果　　图 3-95　设置镜像轴

（25）选择如图 3-96 所示的椭圆形、文字和复制的图形组，按 Ctrl+G 组合键进行编组，并调整该图形组的大小和位置。

（26）使用同样的方法创建第三组图形组，效果如图 3-97 所示。

（27）使用"椭圆工具"在页面底部绘制一个较大的椭圆形，如图 3-98 所示。选择该椭圆形，在工具箱中双击"比例缩放工具"，打开"比例缩放"对话框，设置比例缩放的数值为 95%。

图 3-96　调整图形组的位置和大小　　图 3-97　第三组图形组的效果　　图 3-98　椭圆形效果

（28）单击"复制"按钮，以椭圆形为中心复制一个新的椭圆形，并将其等比缩放为原椭圆形的 95%。选择复制的椭圆形，单击工具箱中的"文字工具"，并在所选椭圆形上单击，则其转换为无填色的输入文字区域，如图 3-99 所示。

（29）在"字符"面板中设置文字的字体、字号和行距，如图 3-100 所示。在椭圆形区域中输入文字，并设置文字的填色为白色，效果如图 3-101 所示。

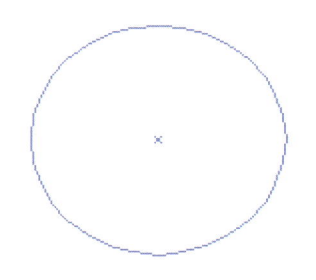

图 3-99　转换为文字区域　　图 3-100　设置字符　　图 3-101　文字效果

（30）选择"文字工具"，在页面的顶部输入两行文字"AUSSIE INVASION USA-SPRING-2021"，并在"字符"面板中设置该文字的字体、字号和行距，如图 3-102 所示。

（31）按 Alt+Ctrl+T 组合键，打开"段落"面板，选择刚输入的文字，在"段落"面板中单击"居中对齐"按钮，使文字居中对齐。设置文字的填色为"红色"，描边为"白色"。

（32）使用"文字工具"选择第二行文字，在"字符"面板中设置其水平缩放数值为 125%。

（33）选择"星形工具"，在第一行文字的两边各绘制一个星形。至此，该广告图绘制完毕，效果如图 3-103 所示。

图 3-102　设置顶部文字字符　　图 3-103　广告图效果

Illustrator 平面设计

任务 3　位图与路径的转换

任务引入

小王在描绘图形时发现有些图形比较简单,可以通过实时描摹的方法将位图转换为路径,以快速完成矢量图的绘制。那么,怎样将位图转换为路径呢?

知识准备

1. 将位图转换为路径

在 Illustrator 中,可以通过"图像描摹"命令将位图转换为路径,以方便地进行精确编辑。下面通过一个实例来讲解该命令的使用方法。

(1)选择如图 3-104 所示的位图,执行"窗口"→"图像描摹"命令,打开"图像描摹"面板,如图 3-105 所示。

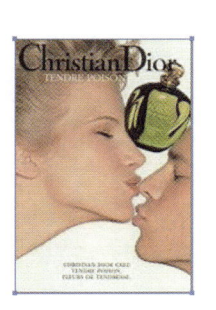

图 3-104　选择位图　　　　　　图 3-105　"图像描摹"面板

(2)设置描摹的各个选项,以达到需要的效果。下面介绍常用的几个选项。

- 预设:在"预设"下拉列表中,除了默认设置,还有十几种预设样式供选择。默认的预设效果如图 3-106 所示。
- 模式:在此可以调整图像和描摹结果的颜色模式,如图 3-106 所示的效果为"黑白"模式;"彩色"模式的效果如图 3-107 所示;"灰度"模式的效果如图 3-108 所示。
- 阈值:该选项用于区分黑色和白色的值,将位图中所有较亮的像素转换为白色,较暗的像素转换为黑色。该数值越大,转换后的黑色区域越多。如图 3-109 所示为阈值为 200 的路径效果,其比如图 3-104(默认阈值为 128)所示的黑色区域大很多。
- 调板:选择该选项,则自动选择或取自打开的"色板库"。

图 3-106　默认的　　图 3-107　"彩色"　　图 3-108　"灰度"　　图 3-109　调整阈值后的
　　　　预设效果　　　　　　模式的效果　　　　　　模式的效果　　　　　　　效果

- 创建填色：选择该复选框，可以在描摹结果中创建颜色区域。
- 创建描边：选择该复选框，可以在描摹结果中创建描边路径。
- 描边：该数值表示在位图中可供描边的像素。
- 忽略白色：选择该复选框，可忽略图像中可见的白色区域。

（3）单击"描摹"按钮，根据设置参数将位图描摹成矢量路径。

除此之外，选择位图后，执行"对象"→"图像描摹"→"建立"命令，则采用默认的或上次执行描摹时设置的描摹参数，也可以得到同样的描摹效果。

但通过"建立"命令描摹的路径只有四个锚点，不适用于进行下一步的编辑。如果执行"对象"→"图像描摹"→"建立并扩展"命令，能使描摹的路径有多个锚点，如图 3-110 所示。使用"直接选择工具" 选择路径锚点并进行拖动，就可以编辑路径。

图 3-110　描摹并扩展效果

2. 将路径转换为位图

在 Illustrator 中不仅可以将位图转换为路径，也可以将路径转换为位图。将矢量图形转换为位图图像的过程称为栅格化。

选择矢量对象后，执行"对象"→"栅格化"命令，打开"栅格化"对话框，如图 3-111 所示。在栅格化过程中，Illustrator 会将图形路径转换为像素，在"栅格化"对话框中设置的栅格化选项将决定像素的大小及特征。单击"确定"按钮，即可将所选矢量图形转换为相应的位图。

图 3-111　"栅格化"对话框

Illustrator 平面设计

在"栅格化"对话框中可以对以下选项进行设置。

- 颜色模型：在该下拉列表中可以选择栅格化过程中所用的颜色模型。
- 分辨率：该选项用于确定栅格化图像中的每英寸像素数（ppi）。
- 背景：该选项用于确定矢量图形的透明区域如何转换为像素。选择"白色"单选按钮，可用白色像素填充透明区域；选择"透明"单选按钮，可使背景透明，并创建一个 Alpha 通道。
- 消除锯齿：在该选项中可以选择消除锯齿效果，从而改善栅格化图像的锯齿边缘外观。选择"无"，则不会应用消除锯齿效果；选择"优化图稿"，可应用最适合无文字图稿的消除锯齿效果；选择"优化文字"，可应用最适合文字的消除锯齿效果。
- 创建剪切蒙版：选择该复选框可以创建一个使栅格化图像的背景显示为透明的蒙版。
- 添加环绕对象：该选项表示围绕栅格化图像添加像素的数量。
- 保留专色：选择该复选框可以只保留一种颜色。

项目总结

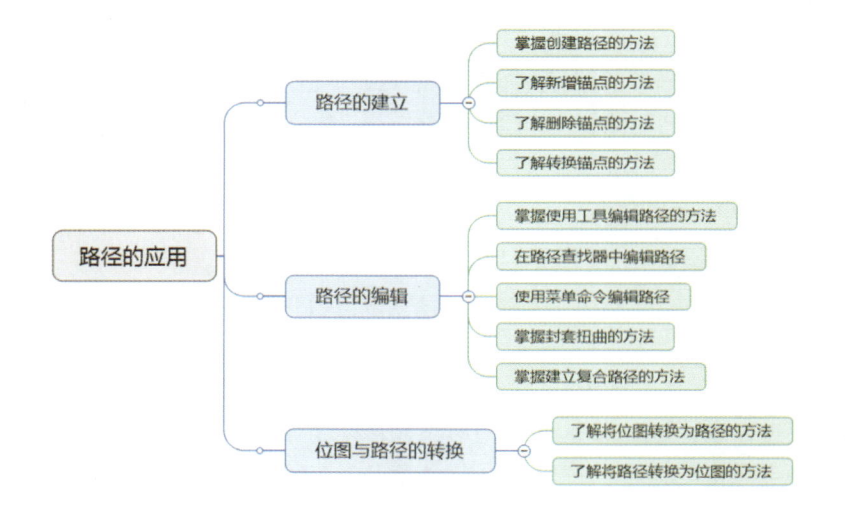

```
                            ┌─ 掌握创建路径的方法
              ┌─ 路径的建立 ─┼─ 了解新增锚点的方法
              │              ├─ 了解删除锚点的方法
              │              └─ 了解转换锚点的方法
              │
              │              ┌─ 掌握使用工具编辑路径的方法
              │              ├─ 在路径查找器中编辑路径
路径的应用 ───┼─ 路径的编辑 ─┼─ 使用菜单命令编辑路径
              │              ├─ 掌握封套扭曲的方法
              │              └─ 掌握建立复合路径的方法
              │
              └─ 位图与路径的转换 ┬─ 了解将位图转换为路径的方法
                                   └─ 了解将路径转换为位图的方法
```

项目实战

◆ 实战一　制作文字效果

（1）执行"文件"→"打开"命令，打开"源文件/项目三/3-2.ai"文档，该文档中包含文字和图形对象，如图 3-112 所示。

（2）同时选择这两个对象，执行"对象"→"封套扭曲"→"封装扭曲"→"用顶层对象建立"命令，将文字封套变形在图形中，如图 3-113 所示。

图 3-112 文档对象

图 3-113 文字效果

◆ **实战二 制作标志**

（1）新建文档。

（2）执行"视图"→"显示网格"和"视图"→"标尺"→"显示标尺"命令，绘制一条水平参考线和一条垂直参考线，如图 3-114 所示。

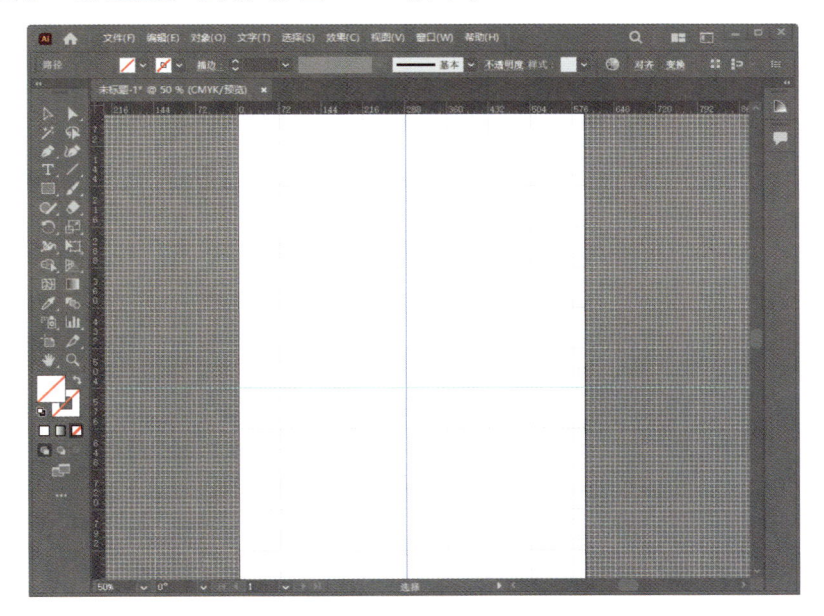

图 3-114 绘制参考线

（3）在工具箱中选择"椭圆工具"，按 Shift 键，绘制宽度和高度都为 60mm 的圆形，并设置填充颜色为红色，描边为无，如图 3-115 所示。

（4）将鼠标光标放在水平标尺上并向下拖曳，拖出一条水平参考线，如图 3-116 所示。

（5）在工具箱中选择"椭圆工具"，绘制一个椭圆形，设置填充颜色为无，描边为黑色，如图 3-117 所示。

图 3-115 绘制圆形　　　　图 3-116 绘制水平参考线　　　　图 3-117 绘制椭圆形

Illustrator 平面设计

（6）在工具箱中单击"比例缩放工具"，这时椭圆形的中心点会显示，按住 Alt 键，拖动中心点到椭圆形的边线，松开鼠标和 Alt 键，打开"比例缩放"对话框，设置水平比例和垂直比例分别为 180% 和 190%，如图 3-118 所示，单击"复制"按钮退出对话框，完成效果如图 3-119 所示。

图 3-118　设置缩放数值

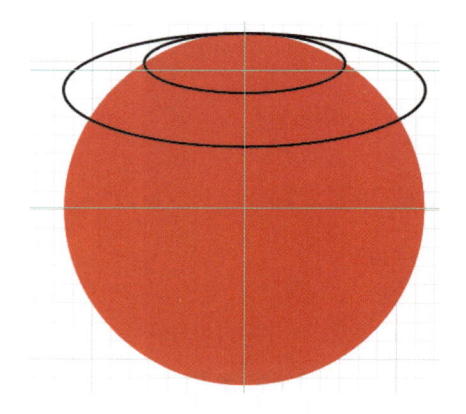

图 3-119　缩放复制椭圆形

（7）再次使用"比例缩放工具"，按 Alt 键并打开"比例缩放"对话框，将比例缩放设置为 130%，这时选择的是等比缩放，如图 3-120 所示，单击"复制"按钮退出对话框，完成效果如图 3-121 所示。

图 3-120　设置等比缩放数值

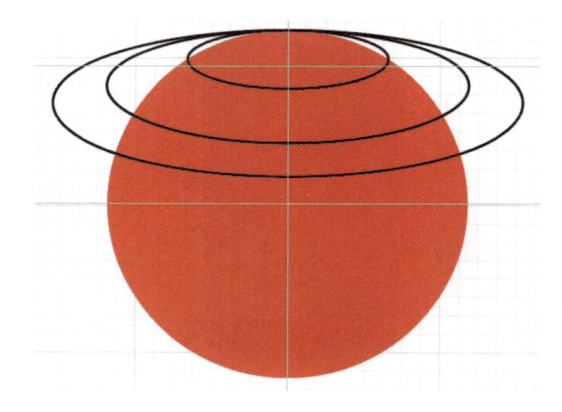

图 3-121　等比缩放复制椭圆形

（8）使用同样的方法，再次对椭圆形进行缩放，效果如图 3-122 所示。

（9）选择所有椭圆形，将描边设置为 6pt，如图 3-123 所示。

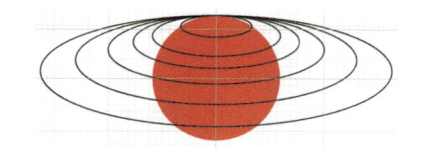

图 3-122　缩放复制椭圆形

图 3-123　设置描边粗细

（10）选择所有椭圆形，执行"对象"→"路径"→"轮廓化描边"命令，将笔画设置为路径，选取所有路径图形，如图 3-124 所示。

78

（11）执行"窗口"→"路径查找器"命令，打开"路径查找器"对话框，按住 Alt 键的同时单击 ，如图 3-125 所示，使两个重叠对象相减，位于顶层的路径将被删除，效果如图 3-126 所示。

（12）在工具箱中选择"文字工具" ，输入字母 U，设置其字体为 Times New Romans，大小为 350pt，颜色为蓝色，按 Ctrl+Shift+Q 组合键，将其创建为轮廓，最终效果如图 3-127 所示。

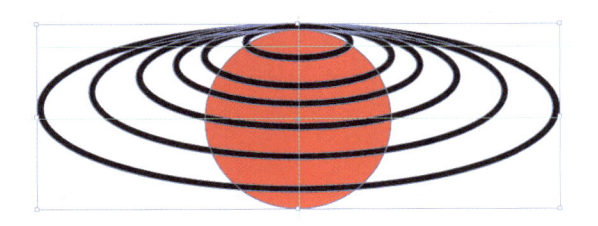

图 3-124　选取所有路径图形

图 3-125　"路径查找器"对话框

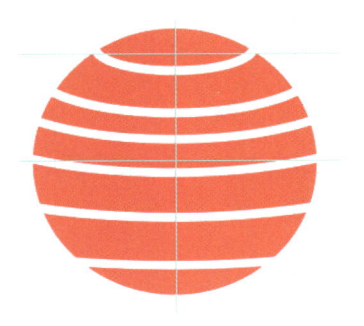

图 3-126　执行效果

图 3-127　最终效果

项目四

图形填充与混合

思政目标

- ➢ 培养读者严谨求实、吃苦耐劳、追求卓越的优秀品质。
- ➢ 学会理论联系实际，明白实践是检验真理的唯一标准。

技能目标

- ➢ 掌握图形填充的方法。
- ➢ 了解上色工具的运用。
- ➢ 掌握图形混合的创建和编辑。

项目导读

在本章中，我们将系统地讲解图形的填充方法，以及设置颜色的工具和菜单命令，还会涉及图形的高级填充方式的讲解，包括实时上色和混合的应用。

任务 1　图形的填充

任务引入

领导让小王设计一张海报，需要对图形进行填色，可是怎样才能快速地进行图形的填色呢？图形的填充有哪些呢？

知识准备

1. 颜色填充

Illustrator 提供了三种基本的填充模式和两种描边模式。设置图形的填充和路径的方法很简单，选择图形后，单击工具箱中相应的填充模式图标即可。对象的填充分为填色和描边，分别表示为对象内部的填充和对对象描边的填充。

颜色填充是对象最基本的填充方式，使用"颜色"、"颜色参考"和"色板"面板就可以快速地为对象进行填充。如果要将图形设置为颜色填充，在工具箱中单击"填色"按钮将其置前，并单击"颜色"图标，如图 4-1 所示；如果要将填充类型设置为渐变，则在工具箱中单击"渐变"图标，如图 4-2 所示；如果要将填充类型设置为无，则在工具箱中单击"无"图标，如图 4-3 所示。

如果要将图形的描边设置为颜色填充，在工具箱中单击"描边"按钮将其置前，并单击"颜色"图标，如图 4-4 所示；如果要将描边设置为无，则在工具箱中单击"无"图标，如图 4-5 所示。

图 4-1 填充颜色　　图 4-2 填充渐变　　图 4-3 无填充　　图 4-4 填充描边　　图 4-5 无描边

2. 渐变填充

渐变是指多种颜色的逐级混合，或者单一颜色明度阶调变化。运用渐变填充可以简单且快速地增加作品的丰富性。

创建渐变填充有以下三种方法。

（1）单击工具箱底部的"渐变"按钮，Illustrator 将为所选对象填充默认的黑白渐变颜色，效果如图 4-6 所示，同时弹出"渐变"面板。

（2）双击工具箱中的"渐变工具"按钮，将弹出"渐变"面板，如图 4-7 所示。在"类型"列表中选择"线性渐变"类型，所选对象被填充为相应的线性渐变。

（3）单击"色板"面板中的"新建色板"按钮存储渐变色块，即可为所选对象填充相应的渐变，如图 4-8 所示。

为所选对象创建渐变后，如果需要调整渐变的颜色、角度和位置等，需要在"渐变"面板中进行进一步的设置。

图 4-6 渐变填充效果　　图 4-7 "渐变"面板　　图 4-8 调用渐变色块

3. 渐变网格填充

渐变网格填充可以把网格和渐变填充完美地结合，通过控制锚点的位置来编辑颜色渐变，产生自然且丰富的颜色效果。

创建渐变网格填充有三种方法，下面分别进行详细讲解。

1）使用网格工具

选择一个单色填充对象后，在工具箱中单击"网格工具"，再将鼠标光标移至所选对象上，鼠标光标变成。单击对象，其即被覆盖一组网格，转换为渐变网格对象，如图 4-9 所示。如果需要添加网格，在对象上继续单击即可。

2）使用"创建渐变网格"命令

选择一个单色填充对象后，执行"对象"→"创建渐变网格"命令，弹出"创建渐变网格"对话框，如图 4-10 所示。

在对话框中的"行数"和"列数"文本框中可以输入需要的行和列的数值；在"外观"的下拉列表中可以选择渐变网格的外观类型，包括"平淡色"、"至中心"和"至边缘"；在"高光"的文本框中输入的数值表示高光亮度，数值越大越接近白色。确定各参数后，单击"确定"按钮即可将所选对象转换为渐变网格对象。

如图 4-11 所示为路径相同、行数和列数都为 4、高光为 100%，但外观不同的三个渐变网格对象。

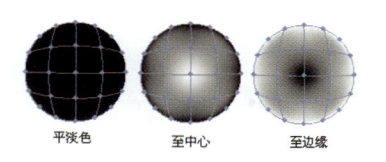

图 4-9　渐变网格对象　　　图 4-10　"创建渐变网格"对话框　　　图 4-11　外观不同的渐变网格对象

3）使用"扩展"命令

单色填充对象可以转换为渐变网格对象，渐变填充对象通过"扩展"命令也可以转换为渐变网格对象。

选择一个渐变填充对象后，执行"对象"→"扩展"命令，弹出"扩展"对话框，如图 4-12 所示，选择"渐变网格"单选按钮，单击"确定"按钮，即可将所选对象转换为渐变网格对象，如图 4-13 所示。

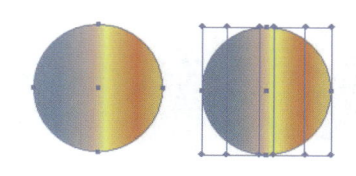

图 4-12　"扩展"对话框　　　图 4-13　将渐变填充对象转换为渐变网格对象

4．图案填充

图案填充表示由标尺的原点开始从左至右在路径范围内重复拼贴图案。图案填充可以用于路径内部填充，也可以用于描边填充。

创建图案填充，首先需要定义图案，下面通过一个实例来讲解图案制作的步骤。

（1）绘制多个圆形，并填充径向渐变，如图4-14所示。

（2）选择所有圆形，执行"对象"→"图案"→"建立"命令，弹出"图案选项"面板，如图4-15所示，同时弹出对话框提示用户新图案已添加到"色板"面板中。

（3）在"名称"文本框中输入图案的名称"Circle"，按回车键后，创建的图案出现在"色板"面板中，如图4-16所示，关闭对话框返回图案编辑窗口。

图4-14　绘制图案　　　图4-15　"图案选项"面板　　　图4-16　"色板"面板

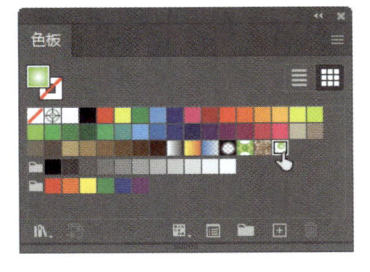

（4）绘制一个较大的圆形，如图4-17所示。选择该圆形，在"色板"面板中单击刚创建的"Circle"图案，图案被填充到该圆形上，效果如图4-18所示。

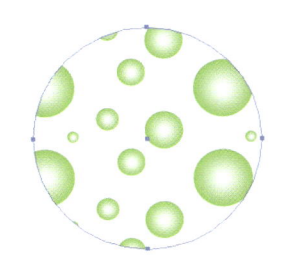

图4-17　绘制圆形　　　图4-18　填充图案后的效果

案例——制作填色效果

（1）执行"文件"→"打开"命令，打开"源文件/项目四/4-1.ai"文档，文档中包括简单的路径，如图4-19所示。

（2）选择矩形，在工具箱中单击"渐变"按钮，如图4-20所示，打开"渐变"面板，设置如图4-21所示，对矩形进行渐变填充，如图4-22所示。

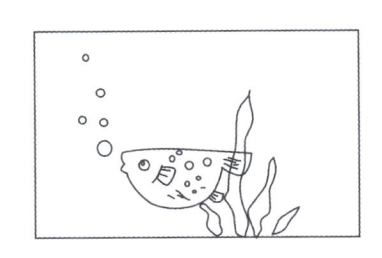

图4-19　打开的文档

Illustrator 平面设计

图 4-20　选择渐变　　　　图 4-21　"渐变"面板　　　　图 4-22　填充矩形

（3）再次选择矩形，在工具箱中单击"无"按钮，如图 4-23 所示，将矩形描边设置为无，如图 4-24 所示。

（4）对其他图形进行填色，最终效果如图 4-25 所示。

图 4-23　设置"无"选项　　　　图 4-24　设置矩形描边　　　　图 4-25　最终效果

任务 2　上色工具

任务引入

小王在设计海报时，发现有些图形的颜色比较单一，想要对这些图形进行多色填充，通过学习 Illustrator，小王先将图形进行分割，然后利用实时上色工具对分割的区域分别上色。那么，怎样运用实时上色工具呢？

知识准备

除了前面介绍的填充上色，上色工具还包括"吸管工具"、"度量工具"、"实时上色工具"和"实时上色选择工具"等。

1. 吸管工具

使用"吸管工具"可以在对象间复制外观属性，包括文字对象的字符、段落、填色和描边属性。

在默认情况下，"吸管工具"会影响所选对象的所有属性。若要自定义此工具可以影响的属性，可以在"吸管选项"对话框中进行相应设置。

双击工具箱中的"吸管工具"，弹出"吸管选项"对话框，如图 4-26 所示。在该对话框中选择吸管工具需要挑选和应用的属性，属性包括透明度、焦点填色、焦点描边、字符样式、段落样式等。在"栅格取样大小"下拉列表中可以选择取样大小。单击"确定"按钮退出该对话框。

下面通过一个简单的实例来介绍"吸管工具" 的使用方法。

（1）单击工具箱中的"矩形工具" ，在工作区中绘制一个矩形。在"色板"面板中设置矩形的填充图案和描边颜色，并在"描边"面板中设置描边粗细为8pt，效果如图 4-27 所示。

（2）单击工具箱中的"星形工具" ，在工作区中绘制一个星形，效果如图 4-28 所示。

（3）选择星形，单击工具箱中的"吸管工具" ，将"吸管工具" 移至矩形上并单击，星形复制并应用了矩形的外观属性，效果如图 4-29 所示。

图 4-26　"吸管选项"对话框

图 4-27　矩形效果　　图 4-28　星形效果　　图 4-29　复制并应用矩形外观属性

除了外观属性，使用"吸管工具" 还可以复制并应用字符属性和段落属性，方法和复制并应用外观属性的方法相同。但将"吸管工具" 移至文字上时，鼠标光标会显示为 T 字形。

2. 度量工具

"度量工具" 用于测量任意两点之间的距离，并在"信息"面板中显示测量信息。使用"度量工具" 的方法很简单，下面用一个简单的实例来介绍它的使用方法。

（1）执行"窗口"→"信息"命令，或者按 F8 键，打开"信息"面板。

（2）单击工具箱中的"度量工具" ，将其移至工作区中需要度量的对象上，鼠标光标显示为 。

（3）在需要度量的对象上单击第一点并拖移到第二点，如果按住 Shift 键并拖移可以将拖移的角度限制为 45°的倍数。这时，"信息"面板显示 X（到 X 轴的水平距离）、Y（到 Y 轴的垂直距离）、宽（绝对水平距离）、高（绝对垂直距离）、D（两点之间的总距离）和 （度量角度），如图 4-30 所示。

图 4-30　测量两点之间的距离和角度

3. 形状生成器工具

"形状生成器工具" 是一个通过合并或抹除简单形状来创建复杂形状的交互式工具。它可以用于简单路径和复杂路径，并会自动亮显所选作品的边缘和区域；可以将选择的路径合并，以形成新的图形；可以分离重叠的形状，以创建不同对象，并在对象合并时轻松采用图稿样式。在默认情况下，该工具处于合并模式，可以合并路径或选区，还可以切换至抹除模式，按住 Alt 键（Windows 系统）或 Option 键（Mac 系统），删除任何不想要的边缘或选区。在工具箱中双击"形状生成器工具" ，弹出如图 4-31 所示对话框。

- 间隙检测：选择该复选框可激活"间隙长度"选项设置间隙的长度为小（3 点）、中（6 点）、大（12 点）。单击"自定"按钮，可以精确设置间隙的长度。
- 将开放的填色路径视为闭合：选择该复选框将为开放路径创建一个不可见的边缘，以创建选区，单击选区内部时，会创建一个形状。
- 在合并模式中单击"描边分割路径"：选择该复选框将父路径拆分为两个路径，第一个路径从单击的边缘开始创建，第二个路径是父路径中除了第一个路径剩余的部分。如果选择此复选框，在拆分路径时，鼠标光标将更改为 。
- 拾色来源：选择"颜色色板"下拉选项时，"光标色板预览"复选框处于可选状态，可以选中"光标色板预览"复选框来预览和选择颜色。选择"颜色色板"下拉选项时，允许迭代（使用方向键）从"色板"面板中选择颜色。选择"图稿"下拉选项时，"光标色板预览"复选框处于不可选状态。
- 填充：对所选对象进行填充。
- 可编辑时突出显示描边：选择该复选框，Illustrator 将突出显示可编辑的描边效果，可编辑的描边效果将从"颜色"下拉列表中选择所需颜色。

图 4-31 "形状生成器工具选项"对话框

4. 实时上色工具

"实时上色工具" 是一种创建彩色图画的直观方法。Illustrator 的"实时上色工具" 结合了上色程序的直观与矢量插图程序的强大功能和灵活性。进行实时上色填充时，所有填充对象都可以被视为同一平面中的一部分，如果在工作区中绘制了几条路径，"实时上色工具" 可以在这些路径分割的每个区域内分别着色，也可以对各个交叉区域相交的路径指定不同的描边颜色，如图 4-32 所示。

1）设置实时上色工具选项

在"实时上色工具选项"对话框中可以自定义"实时上色工具" 的工作方式。

双击"实时上色工具" ，打开"实时上色工具选项"对话框，如图 4-33 所示。在该对话框中，可以决定是只选择填色上色，或是只选择描边上色，还是两者都选择并上色。另外，还可以设置当"实时上色工具" 移动到对象的表面和边缘时进行突出显示，并设置突出显示的颜色和显示线的宽度。

图 4-32　使用"实时上色工具" 着色 　　　　图 4-33　"实时上色工具选项"对话框

2）设置实时上色间隙选项

实时上色间隙是路径之间的小空间，如果颜色渗漏并在预期之外的对象表面涂上了颜色，就有可能是图稿中存在间隙。这时，可以编辑现有路径来封闭间隙，或者调整实时上色的间隙选项。

通过"间隙选项"对话框可以预览并控制实时上色组中可能出现的间隙。执行"对象"→"实时上色"→"间隙选项"命令，打开"间隙选项"对话框，如图 4-34 所示。

- 间隙检测：选择该复选框，Illustrator 将识别路径中的间隙，但不会封闭其发现的任何间隙，仅仅防止颜色渗漏过这些间隙。
- 上色停止在：该选项设置颜色不能渗入的间隙大小，如果选择"自定间隙"，可以在后面的文本框中精确设置间隙大小。
- 间隙预览颜色：该选项设置在实时上色组中预览间隙的颜色，可以从下拉列表中选择颜色，也可以单击"间隙预览颜色"下拉文本框旁边的颜色按钮来指定颜色。
- 用路径封闭间隙：单击该按钮，Illustrator 可以将未上色的路径插入要封闭间隙的实时上色组中。
- 预览：选择该复选框，可以将当前检测到的间隙显示为彩色线条，所用颜色根据选定的预览颜色而定。

图 4-34　"间隙选项"对话框

另外，执行"视图"→"显示实时上色间隙"命令，会根据当前所选实时上色组中设置的间隙选项，突出显示在该组中发现的间隙。

3）建立和编辑实时上色

使用"实时上色工具" 为对象上色时，首先需要创建一个实时上色组。实时上色组中可以上色的部分称为边缘和表面，边缘是一条路径与其他路径交叉后，处于交点之间的路径部分；表面是一条边缘或多条边缘围成的区域。在实时上色组中可以为边缘描边，也可以为表面填色。

下面用一个简单的实例来介绍建立实时上色组的具体步骤。

（1）在工具箱中选择"钢笔工具"，在工作区中绘制一个星形，在"色板"面板中设置星形的描边和填充颜色，效果如图 4-35 所示。

（2）选择星形，执行"对象"→"实时上色"→"建立"命令，在星形上建立实时上色组。在工具箱中单击"实时上色工具"，并将其移至星形上。这时，可以分别选择星形不同的表面进行上色，被选中的表面高亮显示，如图 4-36 所示。

（3）在"色板"面板或拾色器中选择一个不同的颜色后，即可给选中的表面进行实时上色，效果如图 4-37 所示。

图 4-35　星形效果　　　图 4-36　高亮显示选择的表面　　　图 4-37　为选中的表面上色的效果

（4）使用同样的方法选择不同的表面并进行实时上色，效果如图 4-38 所示。

（5）除了可以为星形的不同表面填充，还可以为星形的各段边缘描边。在工具箱中选择"实时上色选择工具"，在星形上单击需要描边的边缘，被选中的边缘高亮显示，如图 4-39 所示。在"色板"面板或拾色器中选择一个不同的颜色后，即可给选中的边缘进行描边。

（6）使用同样的方法选择不同的边缘进行描边，效果如图 4-40 所示。

图 4-38　不同表面填充的效果　　　图 4-39　选择边缘　　　图 4-40　为不同边缘上色的效果

（7）建立了实时上色组后，每条路径仍然保持可编辑状态。若移动或调整路径形状，则会同时修改现有的表面和边缘。在工具箱中单击"直接选择工具"，选择星形上的锚点并拖移，表面的填充和边缘的描边随着路径的变化而变化，效果如图 4-41 所示。

（8）如果在实时上色组添加更多路径，还可以对创建的新表面和边缘继续进行填色和描边。在工具箱中选择"钢笔工具"，在星形上绘制一条路径，效果如图 4-42 所示。

（9）按住 Shift 键，依次单击星形和新绘制的路径，将星形和路径同时选中。执行"对象"→"实时上色"→"合并"命令，将新绘制的路径添加到实时上色组中。

（10）添加路径后，使用实时上色工具为划分的新表面填充图案，效果如图 4-43 所示。

图 4-41　调整路径的效果　　　图 4-42　绘制新路径　　　图 4-43　填充图案

（11）在工具箱中单击"实时上色选择工具"，选择如图4-44所示的边缘，按Delete键，则选择的边缘被删除，被该边缘划分的两个表面的填色进行合并并扩展到新表面，效果如图4-45所示。

（12）实时上色组的表面和边缘还可以进行拆分。选择星形，执行"对象"→"实时上色"→"扩展"命令，虽然星形表面看起来没有变化，但事实上它已经分解为由单独的填色和描边路径组成的对象。执行"对象"→"取消编组"命令，即可拖动各个已经拆解的表面和边缘，如图4-46所示。

图4-44　选择边缘 　　　图4-45　删除边缘的效果 　　　图4-46　扩展并拆分表面和边缘

（13）不仅可以使用"扩展"命令拆分实时上色组，还可以将实时上色组还原为普通路径。执行"对象"→"实时上色"→"释放"命令，可以将实时上色组释放为没有填色、具有0.5点宽的黑色描边的一条或多条普通路径。

5．实时上色选择工具

使用"实时上色选择工具"可以更加准确地选择实时上色组中的边缘或表面，在工具箱中单击"实时上色选择工具"后，将其移近实时上色组，使需要选择的表面或边缘被突出显示，单击即可选中突出显示的表面或边缘，从而进一步进行各种编辑操作。

使用"实时上色选择工具"还可以拖动鼠标光标穿越多个表面和边缘，同时选择这些表面和边缘。如果双击一个表面或边缘，还可以选择所有与之颜色相同的表面或边缘。

如果需要选择的表面或边缘的面积比较小，不容易准确地进行选择，则可以放大工作区视图进行选择。另外，还可以双击工具箱中的"实时上色选择工具"，在弹出的"实时上色选择选项"对话框中取消选择"选择填色"或"选择描边"。

● 案例——百事可乐标志

（1）在工具箱中单击"椭圆工具"，在工作区中绘制一个椭圆形，并在"色板"面板中设置椭圆形的颜色为"深海蓝色"，效果如图4-47所示。

（2）使用"椭圆工具"在工作区绘制一个较小的圆形，并设置其颜色为"深海蓝色"。按Ctrl+F9组合键打开"渐变"面板，在"类型"列表中选择"径向渐变"，则圆形的颜色被设置为由深海蓝色到白色的径向渐变，效果如图4-48所示。

（3）选择圆形，将鼠标光标放置在圆形界定框四个中间控制点中的任意一个，当鼠标光标变为↕时，拖动鼠标改变圆形的比例，使圆形变成如图4-49所示的小椭圆形。

（4）在工具箱中单击"直接选择工具"，选择小椭圆形的锚点并拖移，使小椭圆形变形为如图4-50所示的效果。将变形后的小椭圆形缩放到合适大小，并将其放在在步骤（1）中创建的椭圆形上，效果如图4-51所示。

（5）选择变形后的小椭圆形，双击工具箱中的"镜像工具"，弹出"镜像"对话框，

Illustrator 平面设计

设置以垂直轴为中心进行镜像，如图 4-52 所示。单击"复制"按钮，镜像出一个新图形，并将其移动到适当位置。

图 4-47　椭圆形效果　　　图 4-48　圆形渐变效果　　　图 4-49　圆形变形效果

图 4-50　小椭圆形变形效果　　图 4-51　变形后的小椭圆形放置的位置　　图 4-52　设置镜像选项

（6）使用同样的方法继续镜像两个新图形，并将其移动到适当位置，效果如图 4-53 所示。

（7）在工具箱中单击"椭圆工具" ，在工作区绘制一个圆形。选择工具箱中的"钢笔工具" ，在圆形上绘制一条路径，效果如图 4-54 所示。

（8）同时选择刚创建的圆形和路径，执行"对象"→"实时上色"→"建立"命令，创建一个实时上色组。在工具箱中单击"实时上色工具" ，为实时上色组中的表面填充颜色，从上到下依次填充表面为红色、白色和深海蓝色，效果如图 4-55 所示。

图 4-53　镜像效果　　　图 4-54　圆形和路径效果　　　图 4-55　实时上色效果

（9）执行"对象"→"实时上色"→"扩展"命令，将实时上色组拆分为几个独立的路径。单击工具箱中的"编组选择工具" ，并选中红色图形。

（10）在工具箱中选择"网格工具" ，并在红色图形上单击，建立如图 4-56 所示网格。使用"直接选择工具" ，选择网格点和网格手柄并进行拖移，如图 4-57 所示。

（11）使用"直接选择工具" 选择中心网格点，在"色板"面板中单击白色，将该网格点设置为白色，如图 4-58 所示。

图 4-56　建立网格的效果　　　图 4-57　调整网格点的位置　　　图 4-58　设置网格点为白色

（12）使用同样的方法在蓝色图形上建立网格，并调整网格点的位置和颜色，效果如图 4-59 所示。

（13）首先，使用"编组选择工具"分别选择红色图形和蓝色图形，在"色板"面板中设置描边颜色为深海蓝色。按 Ctrl+F10 组合键，打开"描边"面板，设置描边粗细为 4pt。然后，选择白色图形，在工具箱中依次单击"描边"和"无"按钮，设置白色图形无描边。这时，三个图形的描边效果如图 4-60 所示。

（14）使用"选择工具"移动扩展后的实时上色组，将其移动到椭圆形上，效果如图 4-61 所示。

图 4-59　网格效果　　　图 4-60　三个图形的描边效果　　　图 4-61　调整实时上色组的位置

（15）单击工具箱中的"文字工具"，在工作区中输入文字"PEPSI"。选择文字，按 Ctrl+T 组合键，打开"字符"面板，设置字体、大小和缩放，如图 4-62 所示。

（16）选择文字，在"色板"面板中设置文字的填充颜色为白色，描边颜色为黑色，并调整文字的位置，效果如图 4-63 所示。

（17）选择文字，双击工具箱中的"倾斜工具"，弹出"倾斜"对话框，设置"倾斜角度"为 10°，单击"确定"按钮，文字向右倾斜 10°，如图 4-64 所示。

图 4-62　设置字符选项　　　图 4-63　文字的位置　　　图 4-64　文字倾斜效果

任务 3　图形的混合

任务引入

小王完成海报设计以后，发现有些图形的颜色重合、不自然，需要进行过渡，这时可以运用图形的混合方法调整颜色。那么，怎样创建编辑图形的混合呢？怎样设置混合选项呢？

Illustrator 平面设计

知识准备

混合最简单的用途之一就是在两个对象之间平均创建和分布形状，如图 4-65 所示。另外，还可以在两个开放路径之间进行混合，以在对象之间创建平滑过渡；或者结合颜色和对象的混合，在特定形状中创建颜色过渡，如图 4-66 所示。开放路径、闭合路径、渐变填充对象、图案填充对象、混合滤镜等都可以成为混合对象。

在对象之间创建混合之后，混合对象将合成一个对象。如果移动了其中一个原始对象，或者编辑了原始对象的锚点，则混合也随之变化。此外，原始对象之间混合出的新对象不会具有其自身的锚点。

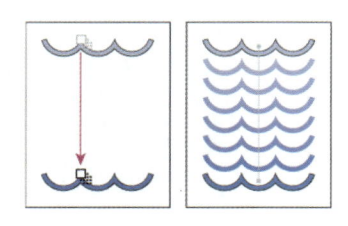

图 4-65 平均创建和分布形状　　图 4-66 创建颜色过渡

1. 混合选项的设置

双击工具箱中的"混合工具"，或者执行"对象"→"混合"→"混合选项"命令，可以打开"混合选项"对话框，如图 4-67 所示。

"间距"选项可以控制要添加到混合的步骤数，它的下拉列表中有三个选项："平滑颜色"表示 Illustrator 将自动设置混合的步骤数。如果对象使用不同的颜色进行填色或描边，则计算出的步骤数将是为实现平滑颜色过渡而取的最佳步骤数；"指定的步数"表示混合开始与结束之间的步数；"指定的距离"表示混合步数之间的距离，即从一个对象边缘到下一个对象边缘之间的距离。

"取向"用来确定混合对象的方向，包括"对齐页面"和"对齐路径"两个选项。如果单击"对齐页面"按钮，可以使混合对象垂直于页面，效果如图 4-68 所示；如果单击"对齐路径"按钮，可以使混合对象垂直于路径，效果如图 4-69 所示。

图 4-67 "混合选项"对话框　　图 4-68 对齐页面的效果　　图 4-69 对齐路径的效果

2. 混合的创建与编辑

混合的创建有两种方法，一种是通过"混合工具"创建，一种是通过菜单命令创建。创建混合后可以对混合进行改变形状、改变混合轴、替换混合轴、扩展等编辑。

下面通过一个简单的实例来介绍创建混合并进行编辑的方法。

（1）首先，在工具箱中单击"矩形工具"，在工作区绘制一个矩形，并在"色板"面板中设置其颜色为红色。然后，选择"椭圆工具"，在工作区绘制一个圆形，并设置其颜色为淡黄色。矩形和圆形在工作区中的位置和效果如图 4-70 所示。

（2）选择工具箱中的"混合工具"，单击矩形的任意位置并将其拖移到圆形上，当鼠标指针显示为时，单击并释放鼠标。或者，同时选中矩形和圆形，执行"对象"→"混合"→"建立"命令，矩形和圆形之间就建立了混合，效果如图 4-71 所示。

（3）选择刚建立的混合对象，双击工具箱中的"混合工具"，或者执行"对象"→"混合"→"混合选项"命令，打开"混合选项"对话框，设置"间距"选项为"指定的步数"，并设置步数为"4"，如图 4-72 所示。

图 4-70　矩形和圆形的位置和效果　　图 4-71　混合效果　　图 4-72　设置混合间距的步数

（4）单击"确定"按钮，矩形和圆形的混合之间均匀分布四个图形对象，效果如图 4-73 所示。

（5）混合轴是混合对象中各步骤对齐的路径。在默认情况下，混合轴会形成一条直线。选择混合对象，执行"对象"→"混合"→"反向混合轴"命令，则图形混合在轴上的顺序被反转，效果如图 4-74 所示。

（6）选择混合对象，执行"对象"→"混合"→"反向堆叠"命令，则混合之后的上下堆栈顺序变为反向排列，效果如图 4-75 所示。

图 4-73　设置步数效果　　图 4-74　反向混合轴效果　　图 4-75　反向堆叠效果

（7）在对象之间创建混合之后，如果移动或编辑了原始对象，则混合随之变化。在工具箱中单击"直接选择工具"，选择原始对象圆形上的一个锚点并进行拖移，使其发生变形，则混合随着圆形的变形而进行混合形状的变化，效果如图 4-76 所示。

（8）如果调整混合轴的形状，那么也可以改变混合效果。首先，在工具箱中单击"添加锚点工具"，在混合轴上添加一个锚点，使用"直接选择工具"选择该锚点并进行拖移。然后，单击工具箱中的"转换锚点工具"，将刚添加的锚点转换为平滑锚点，使混合轴成为一条曲线路径，则混合随着混合轴的变形而进行混合路径的变化，效果如图 4-77 所示。

（9）除了改变混合轴的形状和位置，还可以使用其他路径替换混合轴，使混合进行新的排列。在工具箱中单击"钢笔工具"，在混合组旁边绘制一条新路径，如图 4-78 所示。

（10）同时选中混合组和新创建的路径，执行"对象"→"混合"→"替换混合轴"命令。这时，原始的混合轴被新创建的路径替换，混合路径也由此发生变化，效果如图 4-79 所示。

Illustrator 平面设计

（11）双击工具箱中的"混合工具"，打开"混合选项"对话框，单击"对齐页面"按钮，使混合垂直于页面，效果如图 4-80 所示。

（12）在混合组中，原始对象之间混合的新对象不会具有其自身的锚点，但通过扩展混合，可以将混合分割为不同的对象。选择混合组，执行"对象"→"混合"→"扩展"命令，将混合组中的对象拆分为独立的对象。单击工具箱中的"编组选择工具"，可以分别选中混合组中的对象，并进行拖移和编辑，如图 4-81 所示。

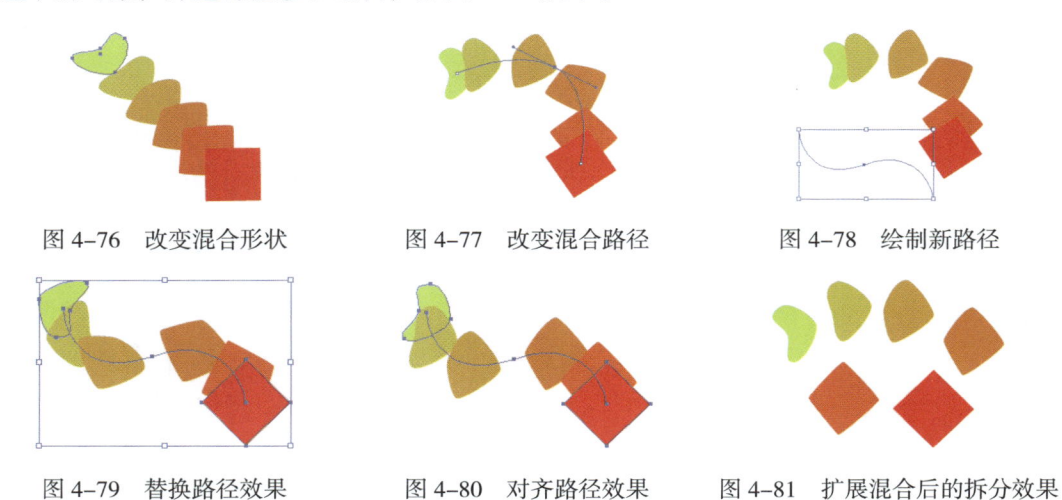

图 4-76 改变混合形状　　图 4-77 改变混合路径　　图 4-78 绘制新路径

图 4-79 替换路径效果　　图 4-80 对齐路径效果　　图 4-81 扩展混合后的拆分效果

（13）还可以将混合组恢复为原始对象。执行"对象"→"混合"→"释放"命令，将混合组释放为原始的圆形和矩形。在混合组中，如果对原始对象进行了形状编辑，则释放后的原始对象保持编辑后的形状。

项目总结

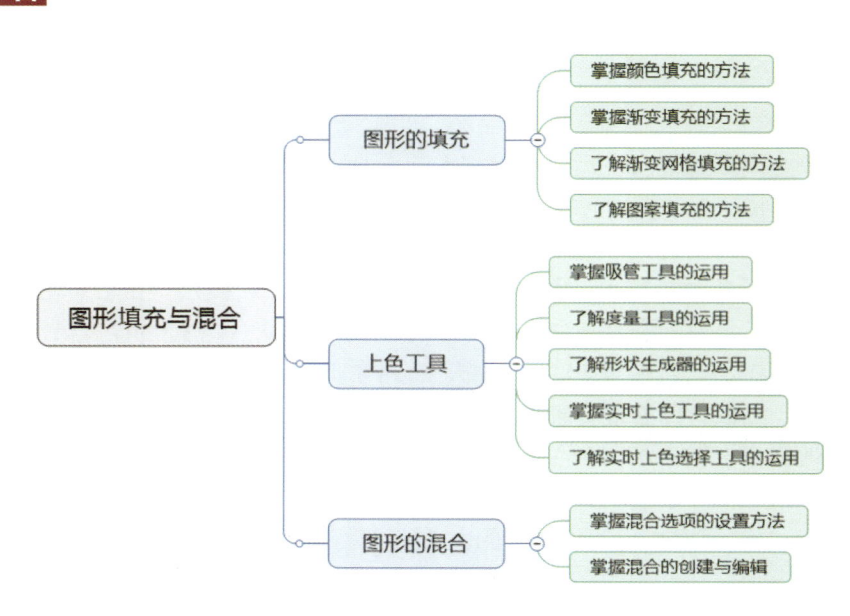

图形填充与混合
- 图形的填充
  - 掌握颜色填充的方法
  - 掌握渐变填充的方法
  - 了解渐变网格填充的方法
  - 了解图案填充的方法
- 上色工具
  - 掌握吸管工具的运用
  - 了解度量工具的运用
  - 了解形状生成器的运用
  - 掌握实时上色工具的运用
  - 了解实时上色选择工具的运用
- 图形的混合
  - 掌握混合选项的设置方法
  - 掌握混合的创建与编辑

项目实战

◆ 实战一　制作太极图案

（1）执行"文件"→"新建"命令，新建一个文档。
（2）使用"椭圆工具"，按住 Shift 键，绘制几个圆形，如图 4-82 所示。
（3）使用"直接选择工具"选择并删除两段路径，如图 4-83 所示。
（4）执行"对象"→"实时上色"→"建立"命令，选择所有路径并建立一个实时上色组。
（5）选择工具箱中的"实时上色工具"，进行表面填充和边缘描边，最终效果如图 4-84 所示。

图 4-82　绘制圆形　　　　图 4-83　删除路径后的效果　　　　图 4-84　太极图案效果

◆ 实战二　制作海洋主题装饰画

（1）新建文档。
（2）在工具箱中单击"钢笔工具"，绘制一段闭合路径。
（3）按 Ctrl+F9 组合键打开"渐变"面板，设置如图 4-85 所示，填充闭合路径，如图 4-86 所示。
（4）选择闭合路径，按 Ctrl+C 组合键进行复制，按 Ctrl+V 组合键进行粘贴，完成海星的绘制，效果如图 4-87 所示。

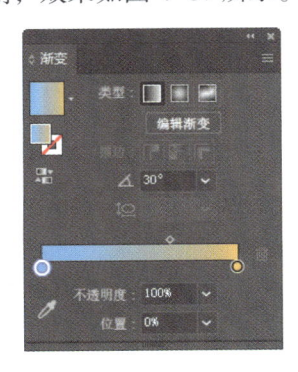

图 4-85　设置"渐变"面板（1）　　　图 4-86　填充闭合路径　　　图 4-87　绘制海星

（5）在工具箱中单击"钢笔工具"，绘制水草路径，如图 4-88 所示。
（6）在工具箱中单击"渐变"按钮，如图 4-89 所示，打开"渐变"面板，设置如图 4-90 所示，对水草进行渐变填充，并设置不透明度为 80%，如图 4-91 所示。

Illustrator 平面设计

（7）使用同样的方法绘制路径 1 和路径 2，并对其进行渐变填充，效果如图 4-92 和图 4-93 所示。

图 4-88　绘制水草路径图形 　　　图 4-89　"渐变"按钮 　　　图 4-90　设置"渐变"面板（2）

图 4-91　填充水草 　　　图 4-92　路径 1 　　　图 4-93　路径 2

（8）复制路径 1，并调整各路径的位置，如图 4-94 所示。

（9）在工具箱中选择"矩形工具"，绘制一个与页面大小相同的矩形，按 Ctrl+F9 组合键，打开"渐变"面板，设置"线性渐变"类型，如图 4-95 所示，效果如图 4-96 所示。

图 4-94　复制路径 1 　　　图 4-95　设置"渐变"面板（3） 　　　图 4-96　填充矩形

（10）使用"椭圆工具"，绘制一个椭圆形，按 Ctrl+F9 组合键，打开"渐变"面板，设置"径向渐变"类型，如图 4-97 所示，对椭圆形进行径向渐变填充，并设置不透明度为 50%。

（11）复制多个椭圆形，并调整其大小，最终效果如图 4-98 所示。

图 4-97　设置"渐变"面板（4） 　　　图 4-98　最终效果

项目五

使用画笔与符号工具

思政目标

> 严谨、认真，关注细小因素造成的影响。
> 充分发挥创造力，主动拓宽视野，避免思维的局限性。

技能目标

> 掌握画笔的运用。
> 掌握符号的运用。
> 能够完成实例效果。

项目导读

本章学习画笔工具和符号工具的相关知识，通过画笔工具可以轻松地绘制自然笔触等效果。符号工具是在 Illustrator 中应用最广泛的工具之一，使用它可以方便、快捷地生成很多同样的图形实例。符号被置入文档后，可以使用多种方法灵活、快速地调整实例的大小、色彩、样式等。

任务 1　画笔的运用

任务引入

小王接了一个商品的广告设计，在设计过程中，他想突出展示商品内容，使用画笔工具来进行点缀。那么，怎样运用画笔工具呢？画笔库中有哪些预设画笔呢？

知识准备

画笔可使路径的外观具有不同的风格。Illustrator 中有以下五种画笔。

Illustrator 平面设计

- 书法画笔：使用书法画笔创建的路径类似用笔尖呈某个角度的书法笔沿着路径的中心进行绘制，如图 5-1（a）所示。
- 散点画笔：使用散点画笔创建的路径表现为将一个对象（如一朵鲜花）的许多副本沿着路径分布，如图 5-1（b）所示。
- 艺术画笔：使用艺术画笔创建的路径表现为沿路径长度均匀地拉伸画笔形状（如粗炭笔）或对象形状，如图 5-1（c）所示。
- 图案画笔：使用图案画笔可以绘制一种图案，该图案由沿路径重复的各个拼贴组成。图案画笔最多可以包括五种拼贴，即图案的边线、内角、外角、起点和终点，如图 5-1（d）所示。
- 毛刷画笔：使用毛刷画笔可以创建具有自然画笔外观的画笔描边。

散点画笔和图案画笔的绘制效果类似，区别在于：图案画笔会完全依循路径，如图 5-2 所示；散点画笔呈散点状沿路径分布，如图 5-3 所示。

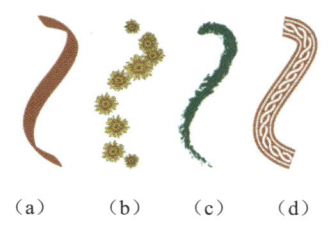

（a）　（b）　（c）　（d）

图 5-1　画笔类型　　　　图 5-2　图案画笔的效果　　　　图 5-3　散点画笔的效果

1. 画笔库

画笔库是 Illustrator 自带的预设画笔的集合，用户可以打开多个画笔库来浏览其中的内容并选择画笔。执行"窗口"→"画笔库"命令，从"画笔库"子菜单中选择一个库，即可打开相应的画笔库，也可以使用"画笔"面板菜单打开画笔库。如图 5-4 所示的画笔库为"装饰_横幅和封条"，用户可以通过单击该画笔库中的画笔来进行选择。

2. "画笔"面板

"画笔"面板可以显示当前文档的画笔。如果从画笔库中选择画笔，该画笔将自动添加到"画笔"面板中。在该面板中，用户可以选择相应的画笔并编辑画笔的属性，还可以创建和保存新画笔。

执行"窗口"→"画笔"命令，即可打开"画笔"面板，单击面板右上角的 图标，即可打开面板菜单，如图 5-5 所示。

图 5-4　"装饰_横幅和封条"画笔库

"画笔"面板的使用方法如下。

- 如果要显示或隐藏一种画笔，可以从面板菜单中选择或取消选择相应的画笔命令："显示书法画笔"、"显示散点画笔"、"显示毛刷画笔"、"显示艺术画笔"和"显示图案画笔"。
- 如果要改变画笔的显示视图，可以在面板菜单中选择"缩览图视图"或"列表视图"命令，如图 5-5 所示为缩览图视图，如图 5-6 所示为列表视图。

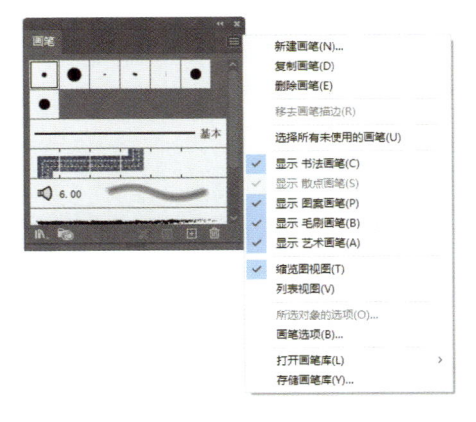

图 5-5　"画笔"面板菜单　　　　　图 5-6　列表视图

- 如果要改变画笔在面板中的位置，可以直接将画笔移动到新位置，但画笔只能在其所属的类别中移动。例如，不能把"书法"画笔移动到"散点"画笔区域。
- 如果要将画笔从另一个文件导入"画笔"面板，可以在面板菜单中选择"打开画笔库"→"其他库"命令，并在弹出的"选择要打开的库"对话框中选择外部文件。
- 如果要把一个画笔库中的多个画笔复制到"画笔"面板中，可以先按住 Shift 键并选中多个画笔，然后将它们拖移至"画笔"面板，或者在"画笔库"面板菜单中选择"添加到画笔"命令。
- 如果要复制"画笔"面板中的画笔，可以选中画笔并将其拖到"新建画笔"按钮上，或者从面板菜单中选择"复制画笔"命令。
- 如果要删除画笔，可以选择画笔并单击"删除画笔"按钮。
- 如果要选择未使用的画笔，可以从面板菜单中选择"选择所有未使用的画笔"命令。

选择路径后，从"画笔库"或"画笔"面板中单击选择相应的画笔，即可将选择的画笔应用到路径上，还可以直接将画笔移动到工作区的路径上。如果所选的路径已经应用了画笔描边，那么新画笔将替换旧画笔。

3．画笔工具

创建画笔路径有两种方法，一种是将画笔描边应用于由任何绘图工具（包括钢笔工具、铅笔工具或基本的形状工具）所创建的线条，一种是使用"画笔工具"直接创建。

1）创建画笔路径

使用"画笔工具"创建画笔路径的方法比较简单，具体步骤如下。

（1）在"画笔库"或"画笔"面板上单击选择一个画笔，在此选择"油墨泼溅"画笔。

（2）在工具箱中单击"画笔工具"，在画笔描边开始的地方单击并拖曳鼠标，以绘制线条，随着拖曳鼠标会出现画笔路径。

（3）如果要绘制的是一条开放路径，在路径形成所需形状时，释放鼠标即可完成画笔路径的绘制，效果如图 5-7 所示；如果要绘制封闭式路径，释放鼠标前按住 Alt 键即可闭合路径，效果如图 5-8 所示。

2）设置画笔工具选项

在绘制画笔路径时将自动设置锚点，锚点数目取决于线条的长度和复杂度，以及画笔的

Illustrator 平面设计

容差设定。通过设置画笔工具的首选项可以调整画笔工具，从而影响画笔绘制的路径效果。双击"画笔工具"，即可打开"画笔工具选项"对话框，如图 5-9 所示。

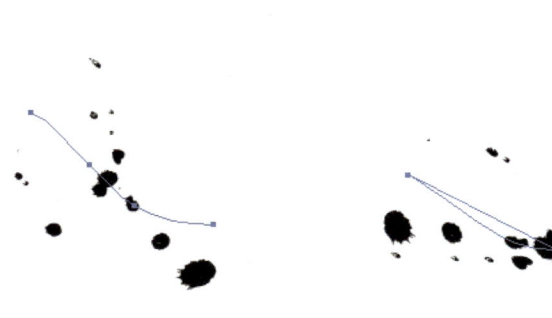

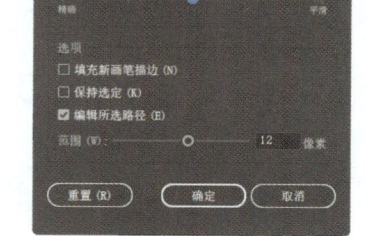

图 5-7　开放路径　　　　图 5-8　封闭式路径　　　　图 5-9　"画笔工具选项"对话框

"画笔工具选项"对话框中包含以下各选项。

- 保真度：该选项控制移动多少像素距离，Illustrator 才在路径上添加新锚点。例如，保真度值为 2.5，表示小于 2.5 像素的工具移动将不生成新锚点。保真度的范围为 0.5 ~ 20 像素，该值越大，路径越平滑，复杂程度越小；该值越小，精度越高，书写的笔画越真实。
- 填充新画笔描边：选择该复选框表示将填色应用于路径。图 5-10 中的左图所示为未选择该复选框的填色效果，右图所示为选择该复选框的填色效果。

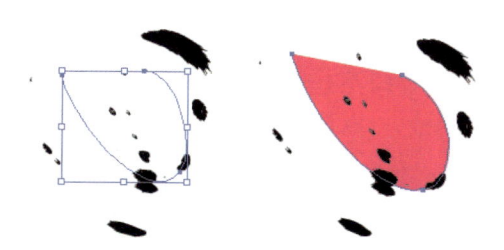

图 5-10　未选择和选择"填充新画笔描边"复选框的效果

- 保持选定：选择该复选框表示绘制出一条路径后，Illustrator 将使该路径保持选定。
- 编辑所选路径：选择该复选框表示可以使用"画笔工具"改变一条现有的画笔路径。
- 范围：该选项的数值表示修改的感应范围。此选项仅在选择了"编辑所选路径"复选框时可用。

4．画笔选项的设置

如果用户对 Illustrator 预设的画笔效果不是很满意，则可以新建画笔或对预设的画笔进行编辑。

Illustrator 中的画笔类型包括散点画笔、书法画笔、毛刷画笔、图案画笔和艺术画笔。新建散点画笔、图案画笔和艺术画笔时，必须先创建要使用的图稿。同时，为画笔创建图稿不能包含渐变、混合、其他画笔描边、网格对象、位图图像、图表、置入的文件或蒙版，艺术画笔和图案画笔的图稿中不能包含文字。若要实现包含文字的画笔描边效果，需要先创建文字轮廓，然后使用该轮廓创建画笔。确定图稿后，新建画笔的具体步骤如下。

（1）单击"画笔"面板中的"新建画笔"按钮，或者将所选对象移动到"画笔"面板中，弹出"新建画笔"对话框，如图 5-11 所示。

（2）选择要创建的画笔类型，单击"确定"按钮。

（3）在弹出的对话框中输入画笔名称，并设定各选项，单击"确定"按钮，即可新建画笔到"画笔"面板中。

如果要编辑画笔，可以双击"画笔"面板中的画笔，在弹出的对话框中设置画笔选项，并单击"确定"按钮。

在新建画笔的过程中，每种画笔的画笔选项对话框中的选项都不一样，下面分别介绍五种画笔的"画笔选项"。

1）书法画笔

书法画笔是一种可以变化笔触粗细和角度的画笔，"书法画笔选项"对话框如图 5-12 所示，其中包含以下各选项设置。

- 名称：在该选项的文本框中输入画笔的名称。
- 角度：该选项的数值决定画笔旋转的角度。
- 圆度：该选项的数值决定画笔的圆度。该数值越高，画笔越接近圆形。
- 大小：该选项的数值决定画笔的粗细。

画笔的角度、圆度和大小都是可以动态变化的，可以在右侧相应的下拉列表中选定变化方式：固定、随机和压力，还可以通过拖动滑块或在文本框中输入数值来限定随机变动的范围。

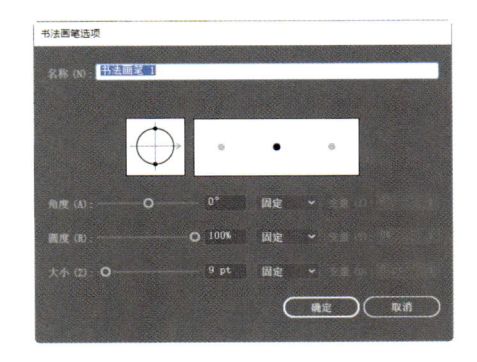

图 5-11　选择画笔类型　　　　　图 5-12　"书法画笔选项"对话框

在画笔形状编辑器中，可以通过鼠标指针直接移动编辑器中的画笔，从而改变画笔的形状。画笔形状编辑器右侧是画笔变量预览窗口，在此可以直接预览画笔的角度、圆度和大小的变化。当画笔的变化模式为"随机"时，中间的画笔是未经过变动的画笔，左侧的画笔表示画笔的下限，右侧的画笔表示画笔的上限，如图 5-13 所示。

2）散点画笔

散点画笔可以将对象沿着画笔路径喷洒，"散点画笔选项"对话框如图 5-14 所示，其中包含以下各选项设置。

- 名称：在该选项的文本框中输入画笔的名称。
- 大小：在该选项的文本框中输入数值可以定义散点喷洒对象的大小比例范围，范围为 10%～1000%。

Illustrator 平面设计

- 间距：该选项的数值可以定义喷洒对象时对象间的间距。

图 5-13　画笔形状编辑器和画笔变量预览窗口　　　图 5-14　"散点画笔选项"对话框

- 分布：该选项的数值可以定义路径两侧的对象与路径之间的接近程度。该数值越大，对象距路径越远。
- 旋转：该选项的数值可以定义散点喷洒对象的旋转角度。
- 旋转相对于：该选项设置散点对象相对页面或路径进行旋转。例如，如果选择"页面"选项，取 0°旋转，则对象指向页面的顶部；如果选择"路径"选项，取 0°旋转，则对象与路径相切。
- 着色方法：在该选项的下拉菜单中可以选择不同的对象着色方式。

3）毛刷画笔

使用毛刷画笔可以像真实画笔描边一样通过矢量进行绘画，还可以像使用实物媒介（如水彩和油画颜料）一样利用矢量的可扩展性和可编辑性来绘制和渲染图稿。毛刷画笔还提供绘画穿透控制，"毛刷画笔选项"对话框如图 5-15 所示，其中包含以下各选项设置。

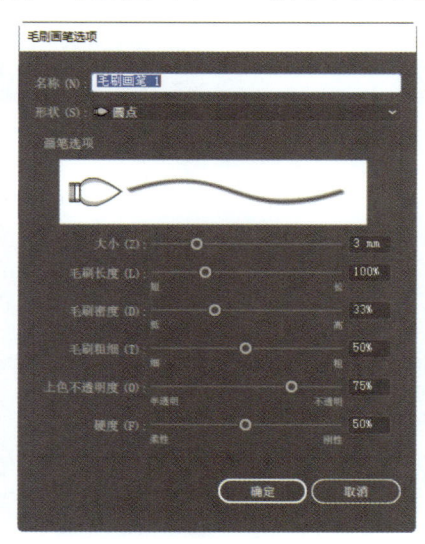

图 5-15　"毛刷画笔选项"对话框

- 名称：在该选项的文本框中输入画笔的名称。
- 形状：从10个不同画笔模型中进行选择，这些模型提供了不同的绘制体验和毛刷画笔路径的外观。
- 大小：指画笔的直径。通过拖动滑块或在文本框中输入数值来指定画笔大小，范围为1～10mm。
- 毛刷长度：指从画笔与笔杆的接触点到毛刷尖的长度。与其他选项类似，也可以通过拖动滑块或在文本框中输入数值（范围为25%～300%）来指定毛刷的长度。
- 毛刷密度：指在毛刷颈部的指定区域中的毛刷数。与其他毛刷画笔设置相同，数值范围为1%～100%，并基于画笔大小和画笔长度进行计算。
- 毛刷粗细：毛刷粗细可以从精细到粗糙（范围为1%～100%），设置方法同其他毛刷画笔相同。
- 上色不透明度：可以设置使用的画笔的不透明度。画笔的不透明度可以为1%（半透明）～100%（不透明），指定的不透明度是画笔中使用的最大不透明度，可以将数字键0～9作为快捷键来设置毛刷画笔描边的不透明度。
- 硬度：指毛刷的坚硬度。如果设置较低的毛刷硬度，毛刷会很轻便；如果设置较高的毛刷硬度，毛刷会更加坚硬。毛刷硬度范围为1%～100%。

4）图案画笔

使用图案画笔可以沿着路径绘制连续的图案，产生特殊的路径效果。"图案画笔选项"对话框如图5-16所示，其中包含以下各选项设置。

- 名称：在该选项的文本框中输入画笔的名称。
- 拼贴按钮：拼贴按钮包括边线拼贴、外角拼贴、内角拼贴、起点拼贴和终点拼贴。通过不同的按钮，可以将不同的图案应用于画笔的不同部分，如图5-17所示。单击拼贴按钮，并从滚动列表中选择一个图案色板，即可定义拼贴。

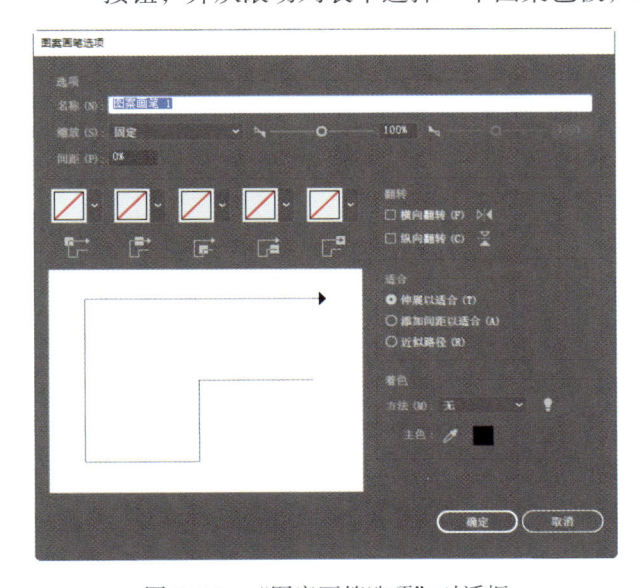

图5-16 "图案画笔选项"对话框

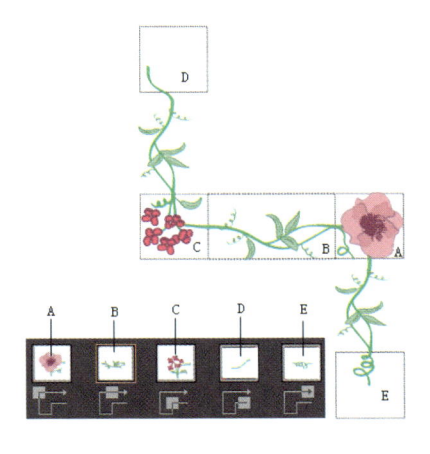

图5-17 拼贴按钮和对应的图案色板

- 边线拼贴：可以指定图案作为图案路径的边缘图案。
- 外角拼贴：可以指定图案作为图案路径的外部转角图案。
- 内角拼贴：可以指定图案作为图案路径的内部转角图案。
- 起点拼贴：可以指定图案作为图案路径的起始图案。
- 终点拼贴：可以指定图案作为图案路径的结束图案。

- 图案列表栏：图案列表栏中包括所有已经被定义为图案的对象列表。这些图案和"色板"面板中显示的图案一样，可以被指定为图案画笔路径的图案。
- 缩放：该选项的数值表示图案的大小。
- 间距：该选项的数值表示图案之间的距离。
- 横向翻转：选择该复选框可以使图案水平翻转。
- 纵向翻转：选择该复选框可以使图案垂直翻转。
- 适合：该选项决定图案适合线条的方式。
    - 伸展以适合：选择该方式可延长或缩短图案，以适合对象，但也会生成不均匀的拼贴，效果如图 5-18 所示。
    - 添加间距以适合：选择该方式会使每个图案拼贴之间添加空白，将图案按比例应用于路径，效果如图 5-19 所示。
    - 近似路径：选择该方式会在不改变拼贴的情况下使拼贴适合最近似的路径。同时，应用的图案会向路径内侧或外侧移动，以保持拼贴均匀，效果如图 5-20 所示。

图 5-18 "伸展以适合"方式的效果　　图 5-19 "添加间距以适合"方式的效果　　图 5-20 "近似路径"方式的效果

- 着色：在该选项的下拉菜单中可以选择不同的着色方式，这些着色方式和散点画笔的着色方式相同。

5）艺术画笔

使用艺术画笔可以绘制沿路径长度均匀拉伸对象形状（如粗炭笔）的路径。"艺术画笔选项"对话框如图 5-21 所示，其中包含以下各选项设置。

- 名称：在该选项的文本框中输入画笔的名称。
- 宽度：该选项的数值表示艺术画笔对象的宽度。
- 按比例缩放：选择该单选按钮，可将画笔按照一定的比例放大或缩小。
- 伸展以适合描边长度：选择该单选按钮，可以适合比例的描边长度伸展，以保持形状不变。
- 在参考线之间伸展：选择该单选按钮，可以平铺的形式填满参考线之间。

- 预览窗口：在该窗口可以直接预览编辑效果。
- 方向：该选项包括四个箭头按钮，决定对象相对路径的方向，单击箭头按钮即可设定方向。四个箭头按钮从左到右分别表示指定图稿的左边←、右边→、顶部↑和底部↓为路径的终点。
- 横向翻转：选择该复选框可以使艺术画笔对象水平翻转。
- 纵向翻转：选择该复选框可以使艺术画笔对象垂直翻转。
- 着色：在该选项的下拉菜单中可以选择不同的着色方式，这些着色方式和散点画笔、图案画笔的着色方式相同。
- 重叠：根据用户的需要选择调整或不调整边角和褶皱来防止重叠。

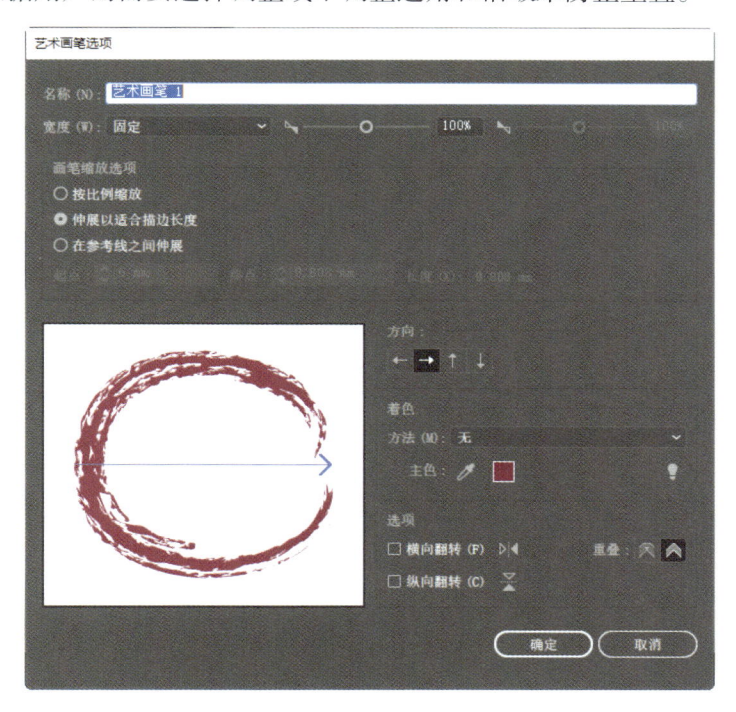

图 5-21 "艺术画笔选项"对话框

5．画笔路径的编辑

使用预设的画笔绘制路径时，有时候无法达到满意效果。这时，除对画笔进行编辑以外，还可以对画笔的路径进行编辑。对画笔路径进行编辑的方法有多种，下面将依次进行详细介绍。

1）使用"直接选择工具" 编辑

在工作区选择画笔路径后，单击工具箱中的"直接选择工具" ，选择画笔路径上的锚点并进行拖移，即可改变画笔路径，如图 5-22 所示。

同样地，使用工具箱中的其他变形工具，也可以改变画笔路径，如"旋转工具" 、"自由变换工具" 、"倾斜工具" 和"整形工具" 等。

2）改变画笔选项

如果要修改用画笔绘制的路径而不更改对应的画笔，可以先选择该路径，然后单击"画笔"面板中的"所选对象的选项"按钮▣，弹出"描边选项（艺术画笔）"对话框，如图 5-23 所示。在该对话框中重新调整相应的描边选项后，单击"确定"按钮即可改变画笔路径。

图 5-22　改变画笔路径　　　　　图 5-23　"描边选项（艺术画笔）"对话框

3）扩展画笔路径

除前面讲到的两种编辑画笔路径的方法以外，还可以将画笔路径转换为轮廓路径，从而编辑用画笔绘制的路径上的各个组件。

在工作区选择一条用画笔绘制的路径后，执行"对象"→"扩展外观"命令，Illustrator 会将扩展路径中的组件置入一个组中，组内有一条路径和一个包含画笔路径轮廓的子组。如图 5-24 所示，左图为原始画笔路径，右图为扩展外观后的路径，右图的路径不仅包括原始画笔路径，还增加了画笔图稿对象的路径组。这样，使用"编组选择工具"▶ 或"直接选择工具"▶ 就可以选择并拖移路径组的组，从而改变画笔路径。

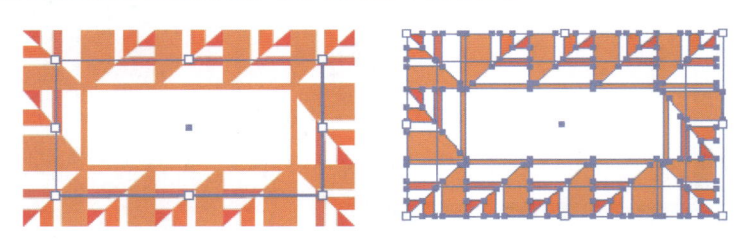

图 5-24　扩展画笔前后的效果

4）删除画笔路径

如果对画笔路径不满意，则可以选定该路径，在"画笔"面板中单击"删除画笔"按钮▣，或者在"画笔"面板菜单中选择"删除画笔"命令，即可将画笔效果从路径上删除。

6．斑点画笔的运用

使用该工具按照手绘方式绘制路径后，用选择工具点选它，该线是有外轮廓路径的，也就是由面构成的一条线，并且相交的几条线会自动合并到一个路径里。在工具箱中双击"斑点画笔工具"▣，弹出如图 5-25 所示对话框，其中包含以下各选项设置。

- 保持选定：选择该复选框，表示绘制一条路径后 Illustrator 将使其保持选定。
- 仅与选区合并：选择该复选框，表示绘制一条路径后将使其只与选区合并。
- 保真度：该选项控制移动多少像素距离，Illustrator 才会在路径上添加新锚点。保真度的范围为 0.5～20 像素，该值越大，路径越平滑，复杂程度越小；该值越小，精度越高，书写的笔画越真实。

106

- 大小：指斑点画笔绘制图形时的大小。
- 角度：指斑点画笔绘制图形时形成的角度。
- 圆度：指斑点画笔绘制图形时的形状，该值越大，越接近圆形。

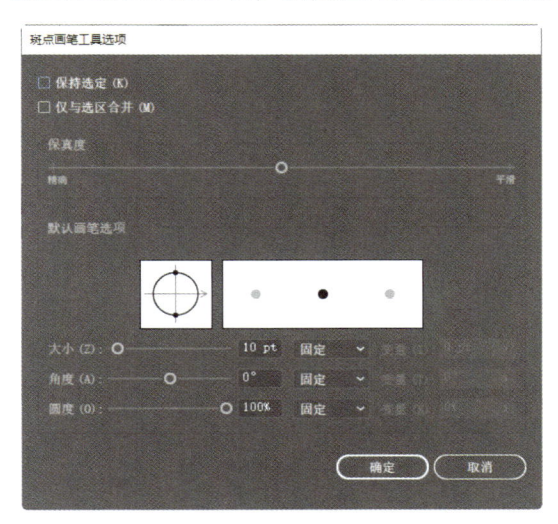

图 5-25 "斑点画笔工具选项"对话框

案例——瑞果图

（1）在工具箱中使用"钢笔工具" 绘制一段路径，在"色板"面板中设置该路径的填充为"烟"色，描边色为"无"，效果如图 5-26 所示。

（2）选择刚绘制的路径，执行"效果"→"模糊"→"高斯模糊"命令，打开"高斯模糊"对话框，设置模糊的半径，如图 5-27 所示。单击"确定"按钮，路径的模糊效果如图 5-28 所示。

图 5-26 路径效果　　图 5-27 设置模糊的半径数值　　图 5-28 路径的模糊效果

（3）双击工具箱中的"画笔工具" ，打开"画笔工具选项"对话框，设置如图 5-29 所示。单击"确定"按钮退出对话框。

（4）按 Ctrl+F10 组合键，打开"描边"面板，设置描边的"粗细"为 0.25pt，并在"色板"面板中设置描边颜色为"石墨色"。

（5）按 F5 键，打开"画笔"面板，先单击"炭笔-羽化"艺术画笔，再单击"画笔工具" ，在工作区绘制路径，效果如图 5-30 所示。

Illustrator 平面设计

图 5-29 设置画笔工具选项　　　图 5-30 选择画笔进行绘制

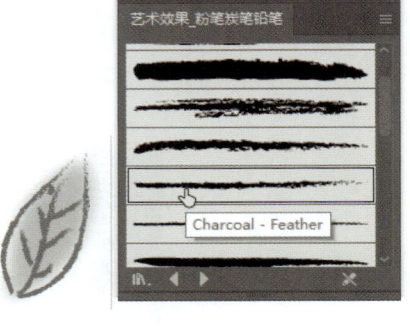

（6）执行"窗口"→"符号"命令，打开"符号"面板，选择绘制的所有路径，单击"新建符号"按钮，这时，所选路径被转换为符号，并存储在"符号"面板中，设置其名称为"新符号 1"，如图 5-31 所示。

（7）单击工具箱中的"椭圆工具"，在工作区绘制一个椭圆形，在"色板"面板中设置椭圆形的填充为"纯洋红"色，描边色为"无"。

（8）单击工具箱中的"直接选择工具"，选择椭圆形的锚点并进行拖移，改变椭圆形的路径，效果如图 5-32 所示。

（9）选择椭圆形路径，执行"效果"→"模糊"→"高斯模糊"命令，在打开的"高斯模糊"对话框中设置模糊的半径，如图 5-27 所示。单击"确定"按钮，椭圆形路径的模糊效果如图 5-33 所示。

图 5-31 转换路径为符号　　　图 5-32 改变椭圆形路径　　　图 5-33 椭圆形路径的模糊效果

（10）选择椭圆形路径，在"符号"面板中单击"新建符号"按钮。这时，椭圆形路径被转换为符号，名称为"新符号 2"，如图 5-34 所示。单击"确定"按钮退出对话框。

（11）在"符号"面板中选择"新符号 1"，并将其拖移到工作区。选择符号实例，将鼠标指针放置在符号实例界定框任意一个对角控制点的周围，使鼠标指针变为↻。这时，拖动鼠标对符号实例进行旋转，如图 5-35 所示。

（12）将鼠标指针放置在符号实例界定框四个中间控制点中的任意一个，使鼠标指针变为↕。这时，拖动鼠标改变符号实例的长宽比例。

（13）重复上述两步操作，置入符号并将符号实例进行旋转和缩放，直至符号实例在工作区中的效果如图 5-36 所示。

图 5-34　设置符号名称　　　图 5-35　旋转符号实例　　　图 5-36　符号实例效果

（14）除使符号实例进行旋转和缩放以外，还需添加样式和颜色，进一步加强画面的艺术效果。按 Shift+F5 组合键，打开"图形样式"面板，在工作区选择一个符号实例，在"图形样式"面板中单击"投影柔化"样式。这时，为所选的符号实例添加了投影柔化的样式效果，如图 5-37 所示。

（15）双击工具箱中的"填色"按钮，打开拾色器，在色谱中单击选择暗红色（C:10、M:59、Y:11、K:0），单击"确定"按钮退出拾色器。

（16）选择一个符号实例，先在工具箱中单击"符号着色器工具" ，然后在所选的符号实例上单击，为符号实例进行着色，效果如图 5-38 所示。

（17）重复步骤（14）~（16）的操作，为其他符号实例添加样式和颜色，使效果如图 5-39 所示。

图 5-37　添加图形样式　　　图 5-38　为符号实例着色　　　图 5-39　添加样式和着色效果

（18）在"色板"面板中，设置描边的颜色为"炭笔灰"。选择"画笔工具" ，在"画笔"面板中单击"炭笔-羽化"艺术画笔。在工作区中绘制新路径，效果如图 5-40 所示。

（19）在"符号"面板中选择"新符号 2"，并将其拖移到工作区中。多次重复该操作，使符号 2 的实例在工作区中的位置如图 5-41 所示。

（20）选择一个椭圆形符号实例，在工具箱中单击"符号滤色器工具" ，在选中的符号实例上单击，增加符号实例的透明度，如图 5-42 所示。选择其他椭圆形符号实例，重复该操作，使工作区中的椭圆形符号实例的颜色深浅不一，富有节奏感。

图 5-40　绘制新路径　　　图 5-41　符号 2 的实例位置　　　图 5-42　增加符号实例的透明度

Illustrator 平面设计

（21）在"画笔"面板中双击"15 点圆形"画笔，打开"书法画笔选项"对话框，调整画笔选项，如图 5-43 所示。单击"确定"按钮退出对话框。

（22）在"色板"面板中，设置描边的颜色为"火星红色"，选择"画笔工具"，在工作区的椭圆形符号实例上进行绘制，效果如图 5-44 所示。

（23）在"色板"面板中，设置描边的颜色为"黑色"，选择"画笔工具"，并在"画笔"面板中单击"炭笔-羽化"艺术画笔。在工作区绘制一条新路径，效果如图 5-45 所示。

图 5-43 设置画笔选项　　　图 5-44 在椭圆形符号实例上绘制　　　图 5-45 绘制路径的效果

（24）选择"画笔工具"，在菜单下的画笔工具选项栏中设置画笔的描边为"火星红色"，描边粗细为 0.25pt，画笔为"粉笔涂抹"。绘制一条新路径，效果如图 5-46 所示。多次重复绘制路径的操作，为每个符号实例绘制一条类似的路径，效果如图 5-47 所示。

（25）在工具箱中选择"矩形工具"，在工作区绘制一个矩形，设置矩形的填充颜色为"无"，描边可设置为任意颜色。矩形的大小和位置如图 5-48 所示。

图 5-46 绘制新路径　　　图 5-47 反复绘制类似的路径　　　图 5-48 矩形的大小和位置

（26）执行"窗口"→"画笔库"→"边框_框架"命令，打开"边框_框架"画笔库，如图 5-49 所示。

（27）选择刚绘制的矩形，单击画笔库中的"毛边"画笔，即可将"毛边"画笔应用到矩形路径上。选择该路径，在画笔路径选项栏中设置画笔的描边粗细为 0.5pt。这时，矩形的画笔边框效果如图 5-50 所示。

图 5-49 "边框_框架"画笔库　　　图 5-50 矩形的画笔边框效果

任务 2　符号的运用

任务引入

小王在设计过程中重复使用了多个图形对象，为了节省时间，通过符号的运用来进行操作。那么，怎样运用符号工具呢？

知识准备

符号存储在"符号"面板中，所有被置入文档的符号被称为"实例"。置入符号后，还可以继续编辑符号的实例，或者重新定义原始符号。但所有的实例和符号之间是相关联的，编辑符号时，所有应用的实例也会被改变。如图 5-51 所示为符号和符号在文档中对应的实例。

1. 符号库

符号库是 Illustrator 预设符号的集合，可从"窗口"→"符号库"子菜单访问，或者通过"符号"面板菜单的"打开符号库"子菜单访问。

打开符号库后，可以在符号库中选择、排序和查看项目。单击符号库中的符号，在"符号"面板就会添加相应的符号，使用非常方便。但不能在符号库中添加、删除或编辑项目。

符号库包括多种分类，如图 5-52 所示为"地图"符号库，其中的符号都是在地图标记中常用的图形。如果需要在 Illustrator 启动时自动打开该符号库，在符号库菜单中选择"保持"命令即可。

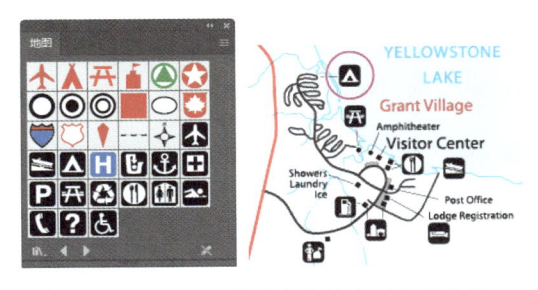

图 5-51　符号和符号在文档中对应的实例

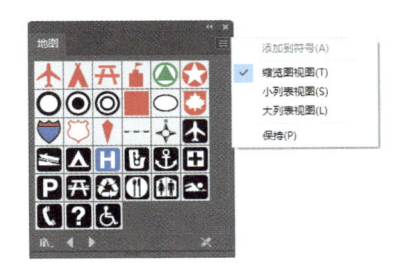

图 5-52　"地图"符号库

2. "符号"面板

"符号"面板用来存放和管理在文档中使用到的符号，如果从符号库中选择符号，该符号将自动添加到"符号"面板中。在"符号"面板中，用户可以选择相应的符号并编辑符号的属性，还可以创建、删除和存储新符号。

执行"窗口"→"符号"命令，即可打开"符号"面板，单击其右上角的 图标，即可打开面板菜单，如图 5-53 所示。

"符号"面板的使用方法具体如下。

- 改变显示视图：在面板菜单中可以选择相应的列表视图显示方式。如图 5-53 所示的视图为缩览图视图；小列表视图显示带有小缩览图的命名符号的列表，如图 5-54 所示；大列表视图显示带有大缩览图的命名符号的列表，如图 5-55 所示。

Illustrator 平面设计

图 5-53 "符号"面板菜单

图 5-54 小列表视图　　　　　　图 5-55 大列表视图

- 新建符号：Illustrator 中的大部分对象都可以成为创建符号的对象，包括路径、复合路径、文本、栅格图像、网格对象和对象组。选择要用作符号的图形并将其拖动到"符号"面板，或者单击面板中的"新建符号"按钮，或者在面板菜单中选择"新建符号"命令，即可新建符号。
- 置入符号：单击面板中的"置入符号实例"按钮，或者在面板菜单中选择"放置符号实例"命令，即可将符号实例置入画板中央，也可以直接将面板中的符号拖动到画板中。
- 改变符号位置：如果需要改变符号在面板中的位置，可以直接将符号拖动到新位置；或者从面板菜单中选择"按名称排序"命令，则按字母的排列顺序列出符号。
- 导入符号：如果要将画笔从另一个文件导入"符号"面板，可以在面板菜单中选择"打开符号库"→"其他库"命令，在弹出的"选择要打开的库"对话框中选择外部文件。
- 复制符号：如果要复制"符号"面板的画笔，可以选中符号并将其拖动到"新建符号"按钮上，或者从面板菜单中选择"复制符号"命令。
- 替换符号：在工作区中选择符号实例后，在面板中选择一个新符号，在面板菜单中选择"替换符号"命令，即可使新选择的符号替换原有的符号实例。

- 删除符号：如果需要删除符号，则可以选择符号并单击"删除符号"按钮 。
- 选择符号：在面板菜单中选择"选择所有未使用的符号"命令，即可选中未在文档中使用的所有符号；在面板菜单中选择"选择所有实例"命令，即可在文档中选择所有图形实例。

3．符号工具组

为了有效地使用符号，Illustrator 提供了系列的符号工具，通过符号工具可以创建和修改符号实例集。首先，用户可以使用"符号喷枪工具" 创建符号集，然后可以使用其他符号工具更改集内实例的密度、颜色、位置、大小、旋转、透明度和样式。在工具箱中，符号工具组共有八种工具，如图 5-56 所示。

1）符号工具常规选项

符号工具有许多共同的设置，双击任意一个符号工具都可以打开"符号工具选项"对话框，如图 5-57 所示。

图 5-56　符号工具组　　　　　图 5-57　"符号工具选项"对话框

在"符号工具选项"对话框中，直径、强度、符号组密度和方法等常规选项显示在顶部，与所选的符号工具无关。部分选项的具体介绍如下。

- 直径：利用该选项可以指定符号工具的画笔大小。另外，可以按[键减小直径，或者按]键增大直径。
- 强度：该选项表示使用符号工具编辑符号时变动的强度，该值越大，变动越强烈。另外，可以按 Shift +[组合键减小强度，或者按 Shift +] 组合键增大强度。
- 符号组密度：该选项表示符号组的密度值，该值越大，符号实例堆积密度越大。
- 方法：利用该选项可以设置符号实例的编辑方式，选择"用户定义"选项，表示根据鼠标指针的位置逐步调整符号；选择"随机"选项，表示在鼠标指针的所在区域随机修改符号；选择"平均"选项，表示逐步平滑符号值。
- 显示画笔大小和强度：选择该复选框表示使用符号工具时显示画笔大小和强度。

在对话框底部的选项为符号工具选项，不同符号显示不同的个别选项，可以单击对话框中的工具图标进行切换。

2）符号喷枪工具

使用"符号喷枪工具" 可以将多个符号实例作为集置入文档中，如图 5-58 所示。先在"符号"面板中选择一个符号，然后在工具箱中选择"符号喷枪工具"，并在工作区单击，即可在单击处创建符号实例。

如果用户要减少喷绘的符号实例，在使用"符号喷枪工具"的同时按 Alt 键，则它类似于吸管，可以将经过区域的符号吸回喷枪中。

双击"符号喷枪工具"，打开"符号工具选项"对话框，其底部将显示"符号喷枪工具"的个别选项，包括"紧缩"、"大小"、"旋转"、"滤色"、"染色"和"样式"，控制新符号实例添加到符号集的方式，如图 5-59 所示。

图 5-58 "符号喷枪工具"的使用　　图 5-59 "符号喷枪工具"的个别选项

每个个别选项包括"用户定义"和"平均"两个选项。

- 平均：该选项表示以平均的方式添加一个新符号。
- 用户定义：该选项表示为每个个别选项的参数应用特定的预设值——"紧缩"（密度）预设为基于原始符号大小；"大小"预设为使用原始符号大小；"旋转"预设为使用鼠标方向（如果鼠标不移动，则没有方向）；"滤色"预设为使用 100% 不透明度；"染色"预设为使用当前填充颜色和完整色调量；"样式"预设为使用当前样式。

3）符号移位器工具

"符号移位器工具"用于移动符号实例，如图 5-60 所示。先单击"符号移位器工具"，再在工作区中单击选中的符号实例并进行拖移，即可移动符号实例。

如果要前移一层符号实例，则在拖移符号实例时按 Shift 键；如果要后移一层符号实例，则在拖移符号实例时按 Alt+Shift 组合键。

4）符号紧缩器工具

"符号紧缩器工具"用于将符号实例靠拢，如图 5-61 所示。单击"符号紧缩器工具"，在工作区中单击选中的符号实例并进行拖移，即可将符号实例聚集。

如果要扩散选中的符号实例，则在拖移符号实例时按住 Alt 键即可。

5）符号缩放器工具

"符号缩放器工具"用于调整符号实例大小，如图 5-62 所示。单击"符号缩放器工具"，在工作区中单击选中的符号实例并进行拖动，即可增大符号实例。

如果要缩小选中的符号实例，则在拖移符号实例时按住 Alt 键即可。

图 5-60 "符号移位器工具"的使用　　图 5-61 "符号紧缩器工具"的使用　　图 5-62 "符号缩放器工具"的使用

双击"符号缩放器工具" ，打开"符号工具选项"对话框，对话框底部显示它的个别选项，具体如下。

- 等比缩放：选择该选项表示保持缩放时每个符号实例的长宽比例一致。
- 调整大小影响密度：选择该选项表示符号实例放大时，使彼此扩散；符号实例缩小时，符号实例使彼此靠拢。

6）符号旋转器工具

"符号旋转器工具" 用于旋转符号实例，如图 5-63 所示。单击"符号旋转器工具" ，在工作区中将选中的符号实例向某个方向进行拖动，即可旋转符号实例。

7）符号着色器工具

"符号着色器工具" 使用填充色为符号实例上色，如图 5-64 所示。使用该工具可以使符号实例更改色相，但亮度不变。这样，具有极高或极低亮度的符号实例的颜色将改变很少，黑色或白色对象将完全无变化。但使用该工具后，文件大小将明显增加，从而在一定程度上影响操作速度。

先在"颜色"面板中选择填充颜色，再选择"符号着色器工具" ，在工作区中单击或拖动选中的符号实例，则上色量将逐渐增加，符号实例的颜色逐渐更改为上色颜色。

如果上色后需要减小上色量并显示更多原始符号颜色，则在单击或拖动符号实例时按 Alt 键即可。

8）符号滤色器工具

"符号滤色器工具" 用于为符号实例应用不透明度，如图 5-65 所示。单击"符号滤色器工具" ，在工作区中单击选中的符号实例并进行拖动，即可增加符号实例的透明度。

如果要减小符号实例的透明度，则在单击或拖动符号实例时按 Alt 键即可。

9）符号样式器工具

"符号样式器工具" 用于将所选样式应用于符号实例，如图 5-66 所示，单击"符号样式器工具" ，拖动"图形样式"面板中的样式到选中的符号实例上即可。在同一个实例上可多次应用样式，使样式量增加。

图 5-63 "符号旋转器工具" 的使用　　图 5-64 "符号着色器工具" 的使用　　图 5-65 "符号滤色器工具" 的使用　　图 5-66 "符号样式器工具" 的使用

如果要减少样式量，则在单击或拖动符号实例时按 Alt 键；如果要保持样式量不变，则在单击或拖动符号实例时按 Shift 键；如果要删除样式，则在符号实例上单击即可。

4．符号的编辑

置入符号实例后，可以像对其他对象一样移动、比例缩放、旋转、倾斜或镜像符号实例，还可以从"透明度"、"外观"和"图形样式"面板执行任何操作，并应用"效果"菜

Illustrator 平面设计

单的任何效果。但是，符号和实例之间是相互联系的，如果编辑符号，实例也随着符号的改变而改变。

1）编辑符号实例

如果需要修改符号实例的各个组件，必须先扩展符号实例，破坏符号和符号实例之间的链接。选择一个或多个符号实例，单击"符号"面板中的"断开符号链接"按钮，或者从面板菜单中选择"断开符号链接"命令，即可将符号和符号实例断开链接，使符号实例转换为普通的路径组，从而可以进行各种编辑。

还可以通过"扩展"命令使符号和符号实例断开链接，执行"对象"→"扩展"命令，弹出"扩展"对话框，如图 5-67 所示。在"扩展"对话框中，可以进行以下选项设置。

- 对象：选择该复选框表示可以扩展复杂对象，包括实时混合、封套、符号组和光晕等。
- 填充：选择该复选框表示可以扩展填充。
- 描边：选择该复选框表示可以扩展描边。
- 渐变网格：选择该单选按钮表示将渐变扩展为单一的网格对象。
- 指定：选择该单选按钮表示将渐变扩展为指定数量的对象，数量越多，越有助于保持平滑的颜色过渡。若数量较低，则可以创建条形色带外观。

单击"确定"按钮，Illustrator 即可将符号实例组件置入组中，该组所有组件的锚点都被自动选中，如图 5-68 所示。通过"编组选择工具"或"直接选择工具"都可以选择或拖动实例组件，从而进行路径编辑，如图 5-69 所示。

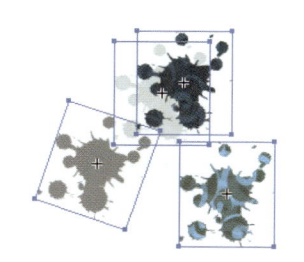

图 5-67　"扩展"对话框　　图 5-68　扩展后自动选中所有组件　　图 5-69　选择和拖动组件

2）修改和重新定义符号

重新编辑符号实例后，还可以使编辑后的实例重新定义原有符号。选中编辑后的符号实例，在"符号"面板中选中要重新定义的符号，从面板菜单中选择"重新定义符号"命令即可重新定义符号。

还可以按住 Alt 键，并将编辑后的符号实例拖动到"符号"面板的原有符号上，其将替换原有符号。

案例——制作家园

（1）执行"文件"→"新建"命令，新建一个文档。

（2）在工具箱中选择"矩形工具"，绘制一个矩形，并为其设置白色到浅蓝色的渐变，设置如图 5-70 所示，效果如图 5-71 所示。

（3）打开"符号"面板，调出"徽标元素"符号库，如图 5-72 所示，将"房子"元素放置到矩形中，如图 5-73 所示。

（4）调出"自然"符号库，如图 5-74 所示，绘制装饰，效果如图 5-75 所示。

图 5-70　"渐变"面板设置　　图 5-71　绘制矩形的效果　　图 5-72　"徽标元素"符号库

图 5-73　放置"房子"　　图 5-74　"自然"符号库　　图 5-75　最终效果

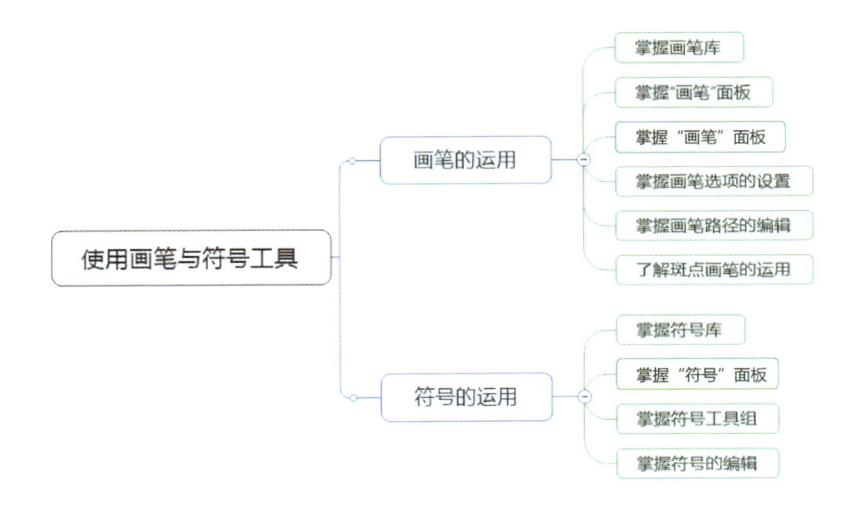

项目总结

使用画笔与符号工具
- 画笔的运用
  - 掌握画笔库
  - 掌握"画笔"面板
  - 掌握"画笔"面板
  - 掌握画笔选项的设置
  - 掌握画笔路径的编辑
  - 了解斑点画笔的运用
- 符号的运用
  - 掌握符号库
  - 掌握"符号"面板
  - 掌握符号工具组
  - 掌握符号的编辑

117

项目实战

◆ **实战　绘制水墨效果荷花图形**

（1）在工具箱中选择"钢笔工具"，绘制花瓣路径，并填充颜色为（R:231，G:158，B:152），描边为无，如图5-76所示。

（2）在工具箱中选择"网格工具"，编辑花瓣颜色，如图5-77所示。

（3）使用同样的方法绘制另外两个花瓣图形，如图5-78所示。

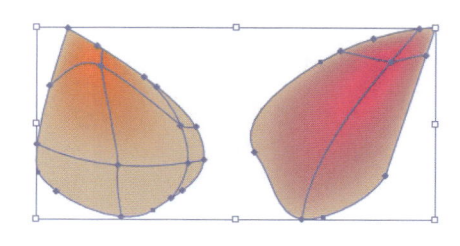

图5-76　绘制花瓣路径　　　图5-77　编辑花瓣颜色　　　图5-78　绘制花瓣

（4）执行"窗口"→"画笔"命令，打开"画笔"面板，选择"炭笔-细"选项，如图5-79所示。

（5）在工具箱中选择"画笔工具"，设置描边粗细为1pt，绘制荷花的轮廓线，如图5-80所示。

（6）使用同样的方法完成剩余轮廓线的绘制，最终效果如图5-81所示。

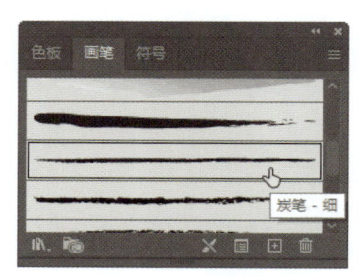

图5-79　"画笔"面板　　　图5-80　绘制轮廓线　　　图5-81　最终效果

项目六

面板的运用

思政目标

> 培养读者健康的审美情趣、乐观的生活态度。
> 培养读者与时俱进、精益求精的优秀品质。

技能目标

> 能够进行图层的复制、删除、合并，以及图层蒙版的创建。
> 能够编辑外观属性。
> 掌握图形样式面板的运用。

项目导读

Illustrator 为用户提供了几十个面板，分别适用于不同的应用场景。本章主要介绍几个常用面板："图层"、"外观"和"图形样式"面板。

任务1 "图层"面板

任务引入

劳动节快到了，领导让小王设计一个公益海报进行宣传。在制作海报的过程中，小王发现多个图形放在了一起，操作起来比较麻烦。通过对 Illustrator 的学习，小王将图形放在不同的图层上，以方便进行管理。那么，怎样运用"图层"面板呢？

知识准备

图层如同透明的纸，所有对象都叠放排列在这些透明的纸上，形成复杂图形。用户可以

Illustrator 平面设计

在不同的图层上放置不同的图形，以便进行管理；也可以单独为一个图层设置隐藏、显示、透明度、蒙版等，增加编辑图形的灵活性。

"图层"面板用来管理和安排图形对象，为绘制复杂图形带来方便。用户可以通过该面板管理当前文件中的所有图层，完成对图层的新建、移动、删除、选择等操作。

1. 图层的基本操作

执行"窗口"→"图层"命令或按 F7 键即可打开"图层"面板，如图 6-1 所示。在"图层"面板的左下角显示当前文档的图层总数，每个图层还可以包含嵌套的子图层。

1）图层的可视性

在实际操作中，为了更好地观察或选择图层上的对象，经常需要隐藏一些图层。

在"图层"面板的左侧有一个可视性标识，如果单击该标识，则该标识消失，表示对应的图层为隐藏状态。再次单击同样的位置，则重新显示可视性标识，对应的图层会恢复可视状态。

2）图层的锁定

在"图层"面板的可视性标识右面有一个空白按钮，如果单击该按钮，则该按钮切换为锁定标识，表示该层的对象被锁定，不能进行编辑或删除等操作。再次单击锁定标识，即可对图层进行解锁，使该图层可以正常地进行编辑或删除等操作。

3）图层的选择

在相应的图层名称上单击，即可选择该图层为当前工作图层，并使该图层高亮显示。如果选择图层的同时按住 Shift 键，则可以选择相邻的多个图层；如果选择图层的同时按住 Ctrl 键，则可以同时选择或取消选中的任意图层。

如果要选择图层中的对象，则可以单击图层右侧的标识，当该标识转换为标识，右边出现一个彩色方块，表示该图层中的所有对象被选中。

4）图层的显示

单击"图层"面板右上角的按钮，打开面板菜单，选择"面板选项"命令，打开"图层面板选项"对话框，如图 6-2 所示。

图 6-1　"图层"面板　　　　　图 6-2　"图层面板选项"对话框

选择缩览图中的"图层"复选框，在图层上可以显示该图层中所有对象的缩览图。另外，还可以选择"小"、"中"、"大"和"其他"四种图层显示模式。在"其他"文本框中输入数值，可以自定义图层的显示大小。前面的面板中都是使用系统默认的"中"显示模式，"小"和"大"显示模式分别如图6-3和图6-4所示。

5）新建图层

单击"图层"面板右下角的"新建图层"按钮，即可在当前选择图层上新建一个图层。如果单击"新建图层"按钮的同时按住Ctrl键，则可以在所有图层的上方新建图层。

或者，单击"图层"面板右上角的按钮，在面板菜单中选择"新建图层"命令，打开"图层选项"对话框，如图6-5所示。在对话框中单击"确定"按钮，即可新建图层。

图6-3 "小"显示模式　　图6-4 "大"显示模式　　图6-5 编辑图层选项

在"图层选项"对话框中，可以设置以下选项参数。

- 名称：在该选项的文本框中可以设置图层的名称。
- 颜色：在该选项的下拉列表中可以选择颜色来定义图层的对象界定框和边缘的颜色，以便用户识别不同图层的对象。
- 模板：选择该复选框可以使当前图层转换为模板图层，图层前的可视性标识变为，图层的名称将以斜体显示，如图6-6所示。同时，该图层上的对象将无法被编辑。
- 锁定：选择该复选框可以使图层被锁定，图层上的对象不可被选择和编辑。
- 显示：不选择该复选框，则可以隐藏当前选择的图层。
- 打印：不选择该复选框则当前图层不可被打印，图层的名称也将以斜体显示。
- 预览：选择该复选框可以使当前图层上的所有对象以预览模式显示。
- 变暗图像至：选择该复选框可以在后面的文本框中输入数值，以调整图层中位图的亮度，但明暗显示不会影响打印输出结果。

图6-6 模板图层以斜体显示

单击"图层"面板中的"创建新子图层"按钮，或者选择面板菜单中的"新建子图层"命令，打开"图层选项"对话框。通过这两种方法，都可以在当前所选图层中新建一个嵌套子图层。

6）删除图层

单击"图层"面板右下角的"删除所选图层"按钮，即可删除当前选择的图层。或者，选中要删除的图层，将其拖曳到"删除所选图层"按钮上，也可以删除选中的图层。

如果需要删除的图层中含有图稿，选择删除操作后，将弹出 Illustrator 警告对话框，询问用户是否删除此图层。单击"是"按钮，即可删除当前图层。

7）复制图层

单击"图层"面板右上角的按钮▤，在面板菜单中选择"复制"命令，即可在当前所选图层上复制一个新图层。或者，选中要复制的图层，将其拖曳到"新建图层"按钮▤上，也可以复制选中的图层。

8）合并图层

如果图层过多，将使计算机操作速度变慢，所以有时需要合并图层。

按住 Shift 键或 Ctrl 键，并在图层上单击，可以同时选择多个图层。单击"图层"面板右上角的按钮▤，在面板菜单中选择"合并所选图层"命令，即可将选中的多个图层合并为一个图层。合并后的图层的名称将和所选图层中排列在最下方的图层名称相同。

如果选择面板菜单中的"拼合图稿"命令，则将面板中的所有图层合并为一个图层，合并后的图层名称将和排列在最下方的图层名称相同。

2. 创建图层剪切蒙版

剪切蒙版可以将图形的局部剪切，并根据图形的形状显示对象，创建蒙版后仍然可以编辑图层中的图形，单一路径、复合路径、群组、文本等都可以用来创建剪切蒙版。打印输出时，蒙版以外的内容不会打印出来。

1）创建蒙版

首先，在需要制作蒙版的图层上绘制蒙版图形，并使该蒙版图形位于图层组的最上层，即子图层中的顶层，如图 6–7 所示。然后，在"图层"面板中选择图层组的名称，单击"图层"面板右下角的"建立/释放剪切蒙版"按钮▤。这时，该图层组创建了剪切蒙版，图层组最上面的子图层中的对象作为蒙版图形，下面所有的子图层都是被蒙版的对象。在蒙版图形边界外的对象将全部被剪切，蒙版图形的填充和画笔变为无色，效果如图 6–8 所示。

图 6–7　绘制蒙版图形　　　　　　　　图 6–8　创建剪切蒙版效果

2）编辑蒙版

剪切蒙版后，在"图层"面板中蒙版图层的名称下带有下画线，蒙版中的对象仍然可以被编辑。选择蒙版中的对象，可以显示对象的边缘，使用"直接选择工具"▤就可以选中锚点进行拖动变形，如图 6–9 所示。

3）释放蒙版

如果需要释放剪切蒙版，选择蒙版图层后，再次单击"图层"面板右下角的"建立/释放剪切蒙版"按钮▤；或者选择面板菜单中的"释放剪切蒙版"命令即可。

4）菜单命令

执行"对象"→"剪切蒙版"命令也可以剪切蒙版。不同的是，在进行蒙版操作前，需要将蒙版图形和其他将被蒙版的对象同时选中。在被选中的对象中，位于顶层的图形将作为蒙版图形，其余的图形将作为被蒙版对象。然后，执行"对象"→"剪切蒙版"→"建立"命令，即可建立剪切蒙版。

使用该命令剪切蒙版后，所有的对象将被编组，合并为一个子图层，如图6-10所示。如果需要释放剪切蒙版，则选择该组，执行"对象"→"剪切蒙版"→"释放"命令即可。

图6-9　编辑蒙版中的对象 　　　　　　　图6-10　将对象编组为一个子图层

案例——制作海报

（1）新建一个文档，将其设置为A4大小，颜色模式设置为CMYK颜色。

（2）在工具箱中选择"矩形工具"，绘制一个与页面大小相同的矩形，如图6-11所示，填充颜色如图6-12所示。

图6-11　绘制矩形 　　　　　　　　　　图6-12　填充颜色

（3）用"选择工具"选中矩形，如图6-13所示。执行"窗口"→"透明度"命令，打开"透明度"面板；或者按Shift+Ctrl+F10组合键打开该面板。单击"透明度"面板右上角的选项菜单按钮，在命令菜单中选择"建立不透明蒙版"命令，如图6-14和图6-15所示。

图6-13　选取绘制矩形 　　图6-14　执行"建立不透明蒙版"命令 　　图6-15　制作不透明蒙版工具面板

123

Illustrator 平面设计

（4）在"透明度"面板中选择不透明蒙版视图，如图 6-16 所示，在工具箱中选择"光晕工具" ，在绘图区绘制光晕图形，如图 6-17 所示。为绘制矩形的视图应用不透明蒙版，如图 6-18 所示，单击"透明度"面板的图像缩略图，完成不透明蒙版的编辑，效果如图 6-19 所示。

（5）单击"图层"面板中的"创建新图层"命令按钮 ，新建一个图层 2，如图 6-20 所示。

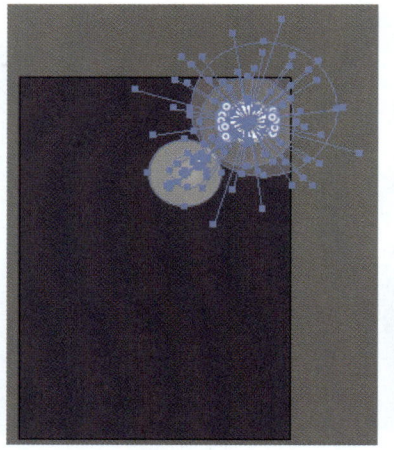

图 6-16　选择不透明蒙版视图　　　图 6-17　绘制光晕 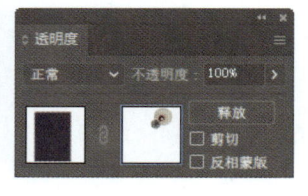　　　图 6-18　制作不透明蒙版

图 6-19　制作后的效果 　　　图 6-20　新建图层 2

（6）在"图层"面板中单击图层 2，执行"文件"→"置入"命令，在弹出的"置入"对话框中选择需要置入的图形，如图 6-21 所示，单击"置入"按钮，退出对话框。选取置入的图形，在打开的"透明度"面板中，将置入的图形不透明度设置为 60%，效果如图 6-22 所示。

（7）执行"文件"→"置入"命令，在弹出的"置入"对话框中选择需要置入的图形，单击"置入"按钮，置入香水瓶和瓶盖，并调整方向，如图 6-23 所示。

（8）在工具箱中选择"椭圆工具" ，绘制椭圆形，按 Ctrl+F9 组合键打开"渐变"面板，设置渐变颜色，将渐变类型设置为"径向"渐变，如图 6-24 所示，复制椭圆形，并调整大小，效果如图 6-25 所示。

图 6-21　"置入"对话框　　　　图 6-22　置入建筑

图 6-23　置入香水瓶和瓶盖　　图 6-24　"渐变"面板　　图 6-25　复制后的效果

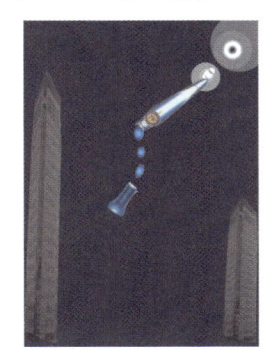

（9）执行"文件"→"置入"命令，在弹出的"置入"对话框中选择需要置入的图形，单击"置入"按钮，置入商标，并调整方向，如图 6-26 所示。

（10）新建图层 3，单击图层 3 使它处于可编辑状态，为了不影响其他图层中的图形，把其他图层锁定，如图 6-27 所示。在工具箱中选择"文字工具"，在图层 3 上输入文字，如图 6-28 所示，按 Esc 键退出文字输入。

图 6-26　置入商标　　图 6-27　新建图层 3 并锁定其他图层　　图 6-28　输入文字

Illustrator 平面设计

（11）新建图层 4，在其上使用"矩形工具"▭，绘制两个矩形，填充颜色，并将图层 4 放置到图层 3 的下方，如图 6-29 所示，效果如图 6-30 所示。

图 6-29　调整图层位置

图 6-30　绘制两个矩形

（12）选择最下方的小矩形，执行"窗口"→"透明度"命令，在弹出的"透明度"面板中设置不透明度为 50%，如图 6-31 所示。制作完成效果如图 6-32 所示。

图 6-31　设置不透明度

图 6-32　最后的效果

任务 2　"外观"面板

任务引入

根据客户的需求，绘制的图形外观应一样但不能改变图形形状，那么小王应该怎么操作呢？

知识准备

在 Illustrator 中，对象的外观属性包括描边、填色、透明度和特效。"外观"面板可以显示对象、组或图层所应用的填色、描边和图形样式，并且可以轻松地对外观属性进行添加、复制、移去和清除操作。

执行"窗口"→"外观"命令，或者按 Shift+F6 组合键，即可打开"外观"面板，如图 6-33 所示。"外观"面板帮助用户方便且有效地管理和编辑各种外观属性，当在文档中使用描边、填色、透明度或特效等任何一种属性时，都会按照它们的使用次序从上到下地被记录在"外观"面板中。

1. 查看外观属性

"外观"面板显示了对象、组或图层应用的填色、描边和图形样式，如图 6-34 所示。当选择包含了其他对象的图层或组时，"外观"面板会显示一个相应的项目，可以单击该项目来查看包含的项目。例如，单击如图 6-34 所示的"图层"按钮，或者在"图层"面板中单击该图层右侧的标识◯，使该标识变为◉（表示该图层中的所有对象被选中），则"外观"面板中显示图层中包含的外观属性，如图 6-35 所示。

图 6-33　"外观"面板

图 6-34　显示外观属性

图 6-35　查看图层的外观属性

当"外观"面板中的某个项目含有其他属性时，该项目名称的左侧便会出现一个三角形▶，可以单击它来显示或隐藏包含的属性内容。

2. 外观属性的编辑

在"外观"面板中，除了可以显示对象的外观属性，还可以轻松地对外观属性进行添加、复制、移去和清除。

1）应用外观属性

通过"外观"面板可以指定对象是继承外观属性还是只具有基本外观，如果只需要对新对象应用单一的填色和描边效果，则可以单击"外观"面板中的按钮▤，在弹出的下拉列表中选择"新建图稿具有基本外观"命令；如果要使新建的对象自动应用当前的所有外观属性，则单击"外观"面板中的按钮▤，在弹出的下拉列表中取消"新建图稿具有基本外观"命令的选择。

2）新增填充外观属性

对象的填色和描边被填充之后，就具有了基本的填充外观属性。但对象的外观可以是多重的，可以为一个对象同时添加多个填充属性，使其具有多个不同的外观。单击"外观"面板中的"添加新填色"按钮▢或"添加新描边"按钮▣，即可在面板中添加相应的外观属性。

如图 6-36 所示，选中的矩形具有两个填色属性，在"外观"面板中顶层的填色属性为黄色填充，因此矩形填色显示为黄色。

在"外观"面板中单击一个外观属性，并向上或向下拖移该属性，当其轮廓出现在所需位置时，释放鼠标即可更改外观属性的堆栈顺序。将如图 6-36 所示的"外观"面板中的紫色填充属性拖移到顶层进行排列，矩形填色显示为紫色，如图 6-37 所示。

图 6-36 黄色填色属性为顶层 　　　　图 6-37 紫色填色属性为顶层

3）编辑外观属性

根据对象的效果，可以重新编辑填色、描边和透明度等基本的外观属性。选择普通对象图层后，在"外观"面板中选择要编辑的外观属性，再通过相关工具（"色板"面板、拾色器、吸管工具、"描边"面板、"透明度"面板等）对所选外观进行编辑即可。

如果需要编辑特效属性，在"外观"面板中双击该特效属性，即可打开特效的设置对话框，重新编辑特效参数即可。

4）复制外观属性

不仅可以通过添加操作来获得多重外观属性，还可以通过复制操作来获得多重外观属性。在"外观"面板中选择一种属性，单击"复制所选项目"按钮■，或者从面板菜单中选择"复制项目"命令即可复制所选外观属性。

如果需要在对象间复制外观属性，在工作区中选择要复制外观的对象或组，并将"外观"面板顶部的缩览图拖移到另一个对象上，如图 6-38 所示（如果缩览图未显示出来，在面板菜单中选择"显示缩览图"命令），释放鼠标，选择的对象或组的外观属性即被复制到新对象上。

图 6-38 复制外观属性

5）删除外观属性

外观属性是随时可以被删除的。在"外观"面板中选择需要删除的外观项目，并单击"删除所选项目"按钮■，或者将所选外观项目拖动到"删除所选项目"按钮■上，即可删除所选外观项目。或者，从面板菜单中选择"移去项目"命令，也可以进行删除操作。

如果要删除单一填色、描边和透明度以外的所有外观属性，可以从面板菜单中执行"简化至基本外观"命令。这时，"外观"面板中只显示填色、描边和默认透明度项目，如图6-39所示。

如果要删除所有外观属性（包括单一的填色、描边和透明度项目），可以单击"外观"面板中的"清除外观"按钮，或者从面板菜单中执行"清除外观"命令。

图6-39　简化至基本外观效果

案例——复制外观属性

（1）执行"文件"→"打开"命令，打开"源文件/项目六/6-1.ai"文档，文档中包括简单的路径，如图6-40所示。

（2）选择星形，执行"窗口"→"外观"命令，打开"外观"面板，如图6-41所示。

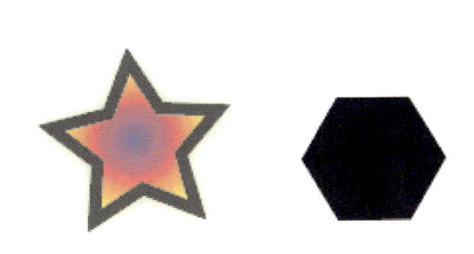

图6-40　打开文档

图6-41　"外观"面板

（3）选择"外观"面板顶部的缩览图，将其拖动到六边形上，如图6-42所示，则得到六边形的最终属性效果，如图6-43所示。

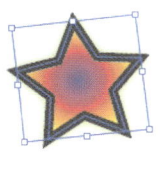

图6-42　拖动星形外观属性

图6-43　最终效果

任务 3 "图形样式"面板

任务引入

小王在设计过程中反复使用了外观属性,在 Illustrator 中,想要快速地更改对象的外观,可以使用"图形样式"面板来保存各种外观属性,并将其应用到不同的对象、群组或图层上。那么,怎样运用"图形样式"面板呢?

知识准备

执行"窗口"→"图形样式"命令,即可打开"图形样式"面板,如图 6-44 所示。通过"图形样式"面板可以创建、重命名及应用外观属性集。当创建一个新文档时,面板中会列出默认的图形样式集;当文档处于打开状态且正在被使用时,与当前文档一同存储的图形样式将显示在面板中。

1) 更改显示和排列方式

如果要更改"图形样式"面板的视图显示方式,可以从面板菜单中选择一种视图选项: "缩览图视图"可显示缩览图,如图 6-44 所示;"小列表视图"可显示带有小缩览图的指定样式列表,如图 6-45 所示;"大列表视图"可显示带有大缩览图的指定样式列表,如图 6-46 所示。

图 6-44 缩览图视图　　　图 6-45 小列表视图　　　图 6-46 大列表视图

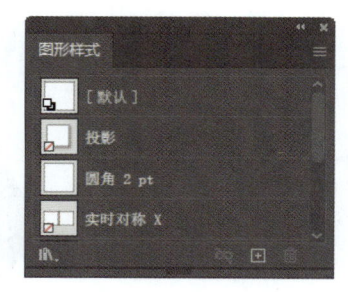

如果要调整面板中的图形样式的位置,则可以选择要改变位置的图形样式,将其直接拖移至其他位置。当有一条黑线出现在所需位置时,松开鼠标即可。

在面板菜单中执行"按名称排序"命令,可以按字母顺序列出图形样式。

2) 应用图形样式

图形样式可以应用到对象、群组或图层上。在工作区中选择一个对象或组,在"图形样式"面板或图形样式库中单击一种图形样式,即可将图形样式应用到所选对象上。另外,直接将图形样式拖移到工作区的对象上,也可以应用图形样式。

例如,选择如图 6-47 所示的文字,在"图形样式"面板中单击 Illustrator 预设的"彩色半调"图形样式,将该图形样式应用到文字上,如图 6-48 所示。

如果要应用图形样式的对象中包括文字,需要在应用样式后仍然保留原始文字的颜色,则可以在面板菜单中取消选择"覆盖字符颜色"选项。

图 6-47 选择文字　　　　　　　　图 6-48 应用图形样式

3）新增图形样式

除了 Illustrator 提供的预设图形样式，用户也可以自定义添加图形样式。

在"外观"面板中编辑需要的外观属性后，单击"图形样式"面板中的"新建图形样式"按钮，或者在面板菜单中执行"新建图形样式"命令，即可添加"外观"面板中当前显示的外观属性。

除此之外，还可以将缩览图从"外观"面板中直接拖移到"图形样式"面板中，如图 6-49 所示。释放鼠标时，即可在"图形样式"面板中创建新的图形样式。如果在拖移缩览图的同时按住 Alt 键，并将其拖移到面板中的一个图形样式上，即可替换该图形样式。

如果需要为新添加的图形样式重命名，则双击该图形样式，弹出"图形样式选项"对话框，如图 6-50 所示，在"样式名称"文本框中输入新样式的名称，单击"确定"按钮即可重命名。

图 6-49 增加图形样式　　　　　　图 6-50 "图形样式选项"对话框

4）复制和删除图形样式

如果要在"图形样式"面板中复制图形样式，可以在面板菜单中执行"复制图形样式"命令，或者将图形样式拖移到"新建图形样式"按钮上。新创建的图形样式将出现在"图形样式"面板的列表底部。

如果要删除图形样式，可以在面板菜单中执行"删除图形样式"命令。在弹出的 Illustrator 警告对话框中单击"是"按钮，如图 6-51 所示；或者直接将图形样式拖移到面板的"删除图形样式"按钮上，即可进行删除操作。

5）合并图形样式

若要将两种或多种图形样式合并为一种图形样式，可以按住 Ctrl 键后连续单击要合并的所有图形样式，并从面板菜单中执行"合并图形样式"命令，弹出"图形样式选项"对

Illustrator 平面设计

话框。在对话框的"样式名称"文本框中输入新样式的名称，单击"确定"按钮即可合并选择的样式。

6）断开图形样式链接

图形样式和应用该样式的对象之间存在一种链接关系。但样式更改后，应用样式的对象效果也将随之改变。如果需要切断这种链接关系，选择应用图形样式的对象后，单击面板中的"断开图形样式链接"按钮，或者执行面板菜单中的"断开图形样式链接"命令。这样，当图形样式被编辑后，被断开样式链接的对象将不会随着样式的编辑而改变。

7）图形样式库

图形样式库是 Illustrator 中预设的图形样式集合。如果要打开一个图形样式库，可以从"窗口"→"图形样式库"子菜单中选择该样式库，或者从"图形样式"面板菜单的"打开图形样式库"子菜单中选择该样式库。

当打开一个图形样式库时，该样式库将以一个新的面板出现，如图 6-52 所示为"3D 效果"图形样式库。在图形样式库中，可以对库中的项目进行选择、排序和查看，其操作方式与在"图形样式"面板中执行这些操作的方式一样。不过，用户不能在图形样式库中添加、删除和编辑其中的项目。

图 6-51　警告对话框　　　　　　图 6-52　"3D 效果"图形样式库

如果需要在启动 Illustrator 时自动打开一个常用的样式库，在样式库的面板菜单中执行"保持"命令即可。

项目总结

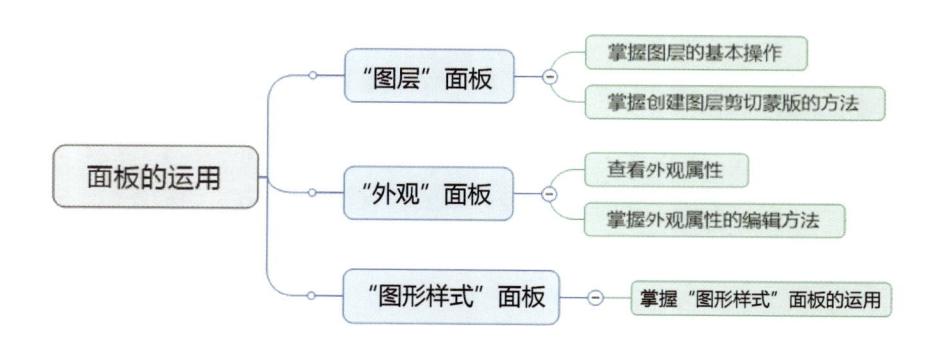

项目实战

◆ **实战　制作填充圆**

（1）执行"文件"→"打开"命令，打开"源文件/项目六/6-2.ai"文档，如图6-53所示。

（2）选择图形，调出"图形样式"面板，单击"新建图形样式"按钮，添加新样式，并命名为"矩形样式"，如图6-54所示。

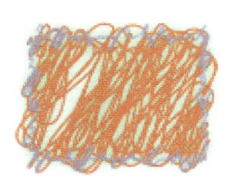

图6-53　打开文档

图6-54　"图形样式"面板

（3）选择工具箱中的"椭圆工具"，按住Shift键并绘制一个圆形，如图6-55所示。

（4）选择圆形，并应用矩形样式，得到填充圆形效果，如图6-56所示。

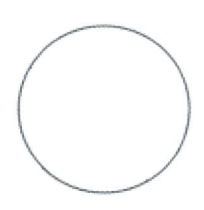

图6-55　绘制圆形

图6-56　最终效果

项目七

文字处理

思政目标

➢ 引导学生制订计划，树立远大理想，为理想而努力奋斗。
➢ 培养创新意识，充分挖掘潜能，调动自身积极性。

技能目标

➢ 了解字体设计和创意方法。
➢ 掌握文本的创建方法。
➢ 掌握文字的编辑方法。

项目导读

本章主要介绍文字的创建、置入、沿曲线路径编排文本、文本框的链接等文字编辑方法。

任务 1　字体应用

任务引入

当完成每个创建设计后，都要输入文字进行设计，那么文字有哪些特点呢？

知识准备

文字是传达信息的主要方式，作为最简单明了且具有艺术性的创作的一个表现形式，文字可以被应用在各种设计中。在对文字进行设计时，要使整体布局和谐、主次分明、美观，还可以为文字加入创造性艺术美感。

1. 字体设计

字体设计不是脱离原文字的设计而一味地讲究艺术创造性，首先要遵循字体本身的结构框架，因为文字本身的结构框架是最简单明了的，再在原文字的结构框架上进行设计，如图 7-1 和图 7-2 所示。

图 7-1　字体设计（1）　　　　　　　　图 7-2　字体设计（2）

2. 创意方法

常用的文字创意方法有外形变化、笔画变化、结构变化等。

1）外形变化

外形变化包括长方形、不规则方形、扇形等的变化，突出文字的含义和结构特征，如图 7-3 和图 7-4 所示。

图 7-3　文字的外形变化（1）　　　　　　图 7-4　文字的外形变化（2）

2）笔画变化

笔画变化主要是笔画的粗细、表现形式的改变，但是不能过于复杂，以便辨认文字，如图 7-5 和图 7-6 所示。

图 7-5　文字的笔画变化（1）　　　　　　图 7-6　文字的笔画变化（2）

3）结构变化

通过将文字放大、缩小，或者改变文字的位置，使文字变得独特新颖，如图 7-7 和图 7-8 所示。

图7-7 文字的结构变化（1）　　　　　图7-8 文字的结构变化（2）

3．字体类型

字体类型分为形象字体、立体字体和装饰字体，下面简单介绍每种字体类型的特点和效果。

1）形象字体

通过把文字形象化来表达文字的含义，运用创意把文字的内容表达成一幅美丽的图画，这就要深刻理解文字的含义，如图7-9和图7-10所示。

图7-9 形象字体的效果（1）　　　　　图7-10 形象字体的效果（2）

2）立体字体

利用透视原理突出文字的立体效果，产生四维空间感，如图7-11和图7-12所示。

图7-11 立体字体的效果（1）　　　　　图7-12 立体字体的效果（2）

3）装饰字体

装饰字体通常在字体结构上进行装饰，给人以浪漫的感觉，应用也比较广泛，如图7-13和图7-14所示。

图7-13 装饰字体的效果（1）　　　　　图7-14 装饰字体的效果（2）

任务 2　文本的创建

任务引入

元旦快到了，超市想要促销一些商品，要求小王制作一个平面广告，以吸引顾客。那么，怎样输入文字呢？

知识准备

Illustrator 的工具箱中共有七种文字工具，分别为"文字工具" T 、"区域文字工具" T 、"路径文字工具" 、"直排文字工具" IT 、"直排区域文字工具" 、"直排路径文字工具" 和"修饰文字工具" ，如图 7-15 所示。使用这些工具可以创建各式各样的文本效果。

1. 使用普通文字工具

单击工具箱中的"文字工具" T 或"直排文字工具" IT ，在需要输入文字的位置单击，当鼠标光标变成输入光标 或 时，可以开始输入文字。在输入文字的过程中，可以按 Enter 键进行换行，效果如图 7-16 和图 7-17 所示。

使用"文字工具" T 时，按 Shift 键可以暂时切换到"直排文字工具" IT ；使用"直排文字工具" IT 时，按 Shift 键也可以暂时切换到"文字工具" T 。

图 7-15　文字工具组

图 7-16　"文字工具" T 输入效果　　　　图 7-17　"直排文字工具" IT 输入效果

单击工具箱中的"文字工具" T 或"直排文字工具" IT ，在页面中拖曳出一个文本输入框，即可在其中输入文字。使用"文字工具" T 创建文本框文字的过程如图 7-18 所示。

如果使用"直排文字工具" IT 创建文本框，则输入点在文本框的右上角，文字由右至左排列，效果如图 7-19 所示。

图 7-18　创建文本框并输入文字　　　　图 7-19　创建文本框并输入直排文字

在文本框中输入的文本和普通文本有一定的区别。结束输入一段文字后，使用"选择工具" 选择这段文本，文本上出现界定框，拖动界定框的控制点可以改变文本的大小，文本大小随界定框的大小而变化，如图7-20所示。如果旋转界定框，则界定框内文本的角度随着旋转的角度改变，如图7-21所示。

如果拖动文本框类型文本的界定框控制点，则文本的大小不会随之改变，改变的仅仅是文本框类每行显示的字数；如果旋转界定框，则界定框内的文本也不随之旋转，效果如图7-22所示。

图7-20　改变文本的大小 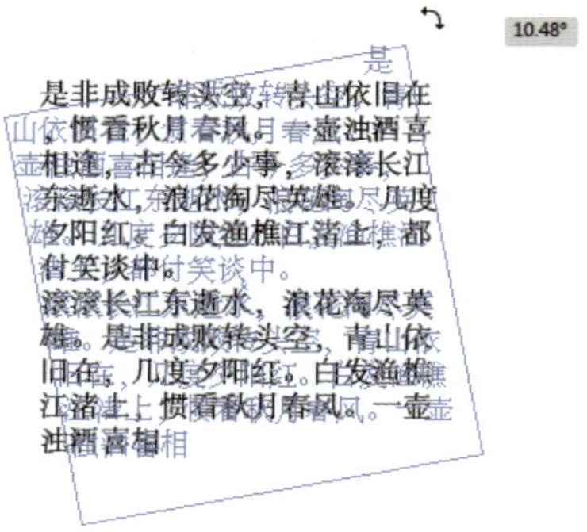　　　图7-21　改变文本的角度 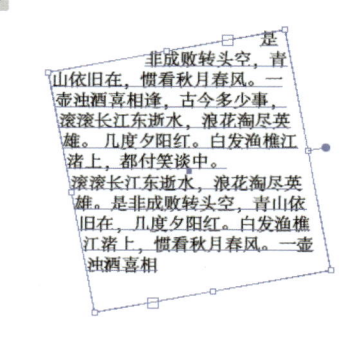　　　图7-22　文本的旋转效果

如果需要输入大量文字，则可以使用"置入"命令将其他软件中准备好的文本文件导入文本框区域，从而节省时间。

2. 使用区域文字工具

通过"区域文字工具"或"直排区域文字工具"可以将文字输入在路径区域内，形成多样的文字效果。

首先，绘制一段路径。然后，在工具箱中选择"区域文字工具"，在路径上单击，当该路径上出现输入文字的插入点时，就可以在该路径中输入文字，如图7-23所示。如果选择"直排区域文字工具"，则在路径中输入的文本效果如图7-24所示。

如果文本框中出现标识，则表示文本框内的文本溢出文本框。

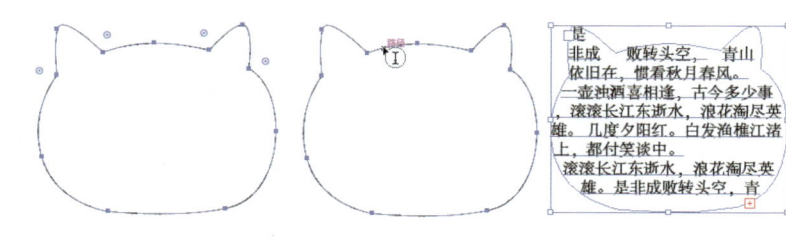

图7-23　使用"区域文字工具"的效果 　　　图7-24　使用"直排区域文字工具"的效果

3. 使用路径文字工具

通过"路径文字工具"或"直排路径文字工具"可以沿着各种路径输入文字，从而创造富有变化的文字效果。

首先，绘制一段路径。然后，在工具箱中选择"路径文字工具"，在路径上单击，当该路径上出现输入文字的插入点时，就可以在该路径中输入文字，文字沿路径自动编排，如图 7-25 所示。如果选择"直排路径文字工具" ，则在路径中输入的文本效果如图 7-26 所示。

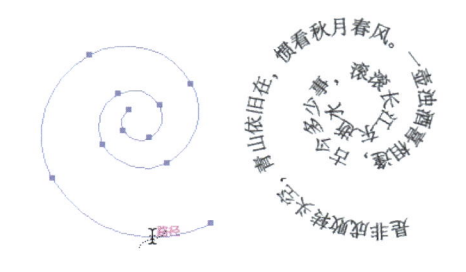

图 7-25　使用"路径文字工具" 的效果　　　图 7-26　使用"直排路径文字工具" 的效果

如果要将路径文字进行调整或变形，可以执行"文字"→"路径文字"命令，在"路径文字"的扩展菜单中有五种效果命令，如图 7-27 所示。Illustrator 默认的路径文字效果为彩虹效果，其他四种效果分别如图 7-28～图 7-31 所示。

执行"文字"→"路径文字"→"路径文字选项"命令，打开"路径文字选项"对话框，如图 7-32 所示。在对话框中可以进行以下各选项设置。

图 7-27　"路径文字"扩展菜单　　　　　　图 7-28　倾斜效果

图 7-29　3D 带状效果　　　　　　　　　　图 7-30　阶梯效果

Illustrator 平面设计

图 7-31　重力效果　　　　　　　　图 7-32　"路径文字选项"对话框

- 效果：在该选项的下拉列表中可以选择五种不同的路径文字变形效果。
- 对齐路径：在该选项的下拉列表中可以选择四种不同的路径文字和路径的对齐方式。
- 间距：该选项控制路径文字的间距。
- 翻转：勾选该复选框可以使路径文字翻转编排。

案例——制作彩色高光文字

（1）在工具箱中选择"文字工具"，在绘图区输入文字，按 Ctrl+T 组合键打开"字符"面板，设置如图 7-33 所示，对文字的大小和字体进行设置，效果如图 7-34 所示。

图 7-33　"字符"面板　　　　　　　图 7-34　输入文字

（2）在选择"文字工具"的状态下，拖曳鼠标并分别选择文字，为文字设置不同的颜色，如图 7-35 所示。

图 7-35　改变文字颜色

（3）选择文字，按 Ctrl+C 组合键复制文字，按 Ctrl+V 组合键粘贴文字，打开"描边"面板，设置如图 7-36 所示，为复制后的文字设置描边粗细，并将其移至原始文字的后面，如图 7-37 所示。

图 7-36　设置描边粗细　　　　　　　　　图 7-37　复制文字

（4）使用"铅笔工具" 在文字需要高光的部位绘制多条开放路径，并将颜色改为白色，作为文字的高光，如图 7-38 所示，将路径的描边设置为 0.5pt，这时文字具有了高光效果，如图 7-39 所示。

图 7-38　将路径设置为白色　　　　　　　图 7-39　最终效果

任务 3　文字的编辑

任务引入

小王已经对文字工具有所掌握，但是要改变字体和大小，又要怎么进行操作呢？

知识准备

在 Illustrator 中，主要通过"字符""段落""字符样式"等面板和"文字"菜单命令对文字进行编辑。

1."字符"面板的使用

执行"窗口"→"文字"命令，可以看到"文字"扩展菜单中的多个面板命令，通过设置这些面板的数值可以对文字进行编辑，如图 7-40 所示。执行"窗口"→"文字"→"字符"命令或按 Ctrl+T 组合键，可以打开"字符"面板对文字进行大小、字体、缩放、间距、基线等各项设置，如图 7-41 所示。

在进行编辑前需要先选择一个或多个文字，然后在"字符"面板中设置相应的字符选项。对于数值选项，可以使用上下箭头 调整数值，也可以直接编辑文本框中的数值。

Illustrator 平面设计

图 7-40　"文字"扩展菜单 　　　　　　　　图 7-41　"字符"面板

由于"字符"面板中的命令较多，下面通过一个简单的实例来讲解几个常用命令的使用方法。

（1）选择文档中如图 7-42 所示的文字，按 Ctrl+T 组合键打开"字符"面板。

（2）在"字符"面板中，设置字体为"华文彩云"，并调整大小为 36pt，文字效果如图 7-43 所示。

图 7-42　选择文字 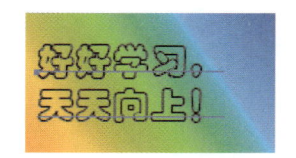　　　　　　　　　图 7-43　调整字体和大小后的效果

（3）除改变整体的文字效果之外，也可以选择单个的字符来进行修改。选择"好好学习"四个字符，在"字符"面板中，设置水平缩放的数值为 175%，使选中的字符变宽，效果如图 7-44 所示。如果要改变字符的高度，可以调整垂直缩放的数值。

（4）选择所有文字，调整"字符"面板中行距的数值为 72pt，使文字上下两行的基线距离增大；调整字符间距的数值为 200，使字符之间的距离增大，如图 7-45 所示。

（5）在第二个"天"字符和"向"字符之间双击，鼠标变为插入点。调整"字符"面板中的符间距数值为 1000，使"天"和"向"字符之间的距离增大，效果如图 7-46 所示。

（6）选择所有文字，调整"字符"面板中的字符旋转数值为 60°，这时文字逆时针旋转 60°，效果如图 7-47 所示。

图 7-44　调整水平缩放数值后的效果 　　　　　　图 7-45　调整行距和字符间距后的效果

图 7-46　调整字符间距后的效果 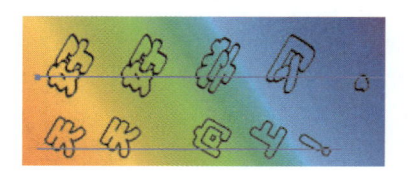　　　　　　　　图 7-47　调整字符旋转后的效果

2. "段落"面板的使用

使用"段落"面板对文字的段落属性进行调整,包括文本的缩进、对齐和悬浮标点等。执行"窗口"→"文字"→"段落"命令或按 Alt+Ctrl+T 组合键,可以打开"段落"面板,如图 7-48 所示。

"段落"面板中有七种段落对齐方式,分别为左对齐▤、居中对齐▤、右对齐▤、两端对齐/末行左对齐▤、两端对齐/末行居中对齐▤、两端对齐/末行右对齐▤和全部两端对齐▤。这七种段落对齐效果分别如图 7-49 ~ 图 7-55 所示。

图 7-48　"段落"面板 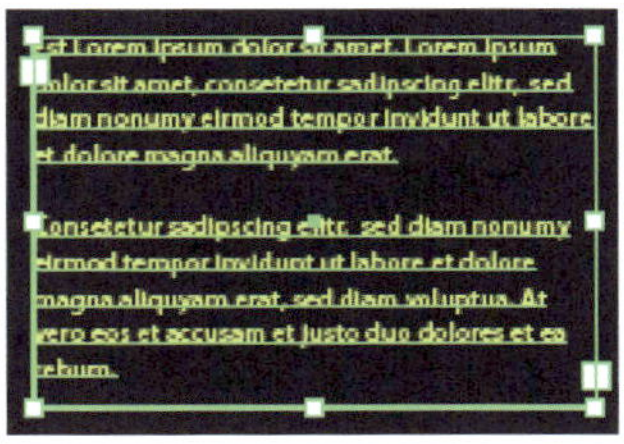　　图 7-49　左对齐 　　图 7-50　居中对齐

图 7-51　右对齐 　　图 7-52　两端对齐/末行左对齐

图 7-53　两端对齐/末行居中对齐 　　图 7-54　两端对齐/末行右对齐 　　图 7-55　全部两端对齐

3. 文本的其他编辑

除使用"字符"和"段落"面板来编辑文字之外,还可以使用菜单命令。下面简单介绍几种常用的文字编辑命令。

1)文字分栏

在进行文字排版时,经常需要将段落文字进行分栏排列,具体步骤如下。

(1)选择如图 7-56 所示的段落文字,执行"文字"→"区域文字选项"命令,打开"区域文字选项"对话框,如图 7-57 所示。

(2)在"行"和"列"区域,在"数量"文本框中可以分别设置水平方向和垂直方向的

Illustrator 平面设计

栏数；在"跨距"文本框中可以分别设置栏的高度和宽度；在"间距"文本框中可以分别设置水平方向或垂直方向栏之间的距离。调整"列"区域"数量"文本框中的数值为 2，其他设置保持默认。

（3）单击"确定"按钮，段落文字转换为两列分栏段落文字，效果如图 7-58 所示。

图 7-56　选择段落文字　　　图 7-57　设置区域文字选项　　　图 7-58　分栏段落文字效果

2）更改大小写

如果需要更改英文字符的大小写，可以通过"文字"→"更改大小写"命令的扩展命令来完成，步骤如下。

（1）选择如图 7-59 所示的英文字符，执行"文字"→"更改大小写"→"大写"命令，所有的英文字符都转换为大写，如图 7-60 所示。在此基础上执行"文字"→"更改大小写"→"小写"命令，所有的英文字符将恢复到如图 7-59 所示的小写状态。

（2）执行"文字"→"更改大小写"→"词首大写"命令，被选中的英文字符只有词首的字符为大写状态，效果如图 7-61 所示。

（3）执行"文字"→"更改大小写"→"句首大写"命令，被选中的英文字符只有句首的字符为大写状态，效果如图 7-62 所示。

图 7-59　选择字符　　　图 7-60　大写　　　图 7-61　词首大写　　　图 7-62　句首大写

3）更改文字方向

如果需要更改文字的排列方向，可以通过"文字"→"文字方向"命令的扩展命令来完成。选择如图 7-63 所示的段落文字，执行"文字"→"文字方向"→"垂直"命令，将文字转换为垂直方向排列的段落文字，效果如图 7-64 所示。如果要将垂直排列的文字转换为水平排列，选中文字后执行"文字"→"文字方向"→"水平"命令即可。

4）创建文本绕排

通过创建文本绕排可以使文字环绕图像进行排版，从而得到更丰富的文字效果，步骤如下。

（1）同时选中如图7-65所示的文字和图像。另外，在创建文本绕排前需要将选中的文本和图像放置在一个图层组中，且图像在文字的上一层。

（2）执行"对象"→"文本绕排"→"文本绕排选项"命令，打开"文本绕排选项"对话框，可以设置绕排的"位移"选项的数值，如图7-66所示。

图7-63　选择段落文字

图7-64　垂直方向排列的文字效果

图7-65　选择文字和图像

图7-66　设置文字绕排选项

（3）单击"确定"按钮，执行"对象"→"文本绕排"→"建立"命令。这时，文字将环绕图像重新编排，效果如图7-67所示。

（4）如果要取消文字绕排效果，执行"对象"→"文本绕排"→"释放"命令，即可将图像和文字分开排列。

5）创建轮廓

通过为文字创建轮廓，可以将文字转换为图形。选择文字后，执行"文字"→"创建轮廓"命令，即可将选中的文字转换为图形。如图7-68所示，第二行的文字为创建轮廓后的图形路径，由许多锚点组成，使用直接选择工具可以拖动锚点，从而改变文字轮廓的形状。

图7-67　文字绕排效果

图7-68　创建轮廓效果

案例——制作 CD 封面

（1）执行"文件"→"新建"命令，在"新建文档"对话框中对文档的大小进行设置，颜色模式设置为 CMYK 模式，如图7-69所示。

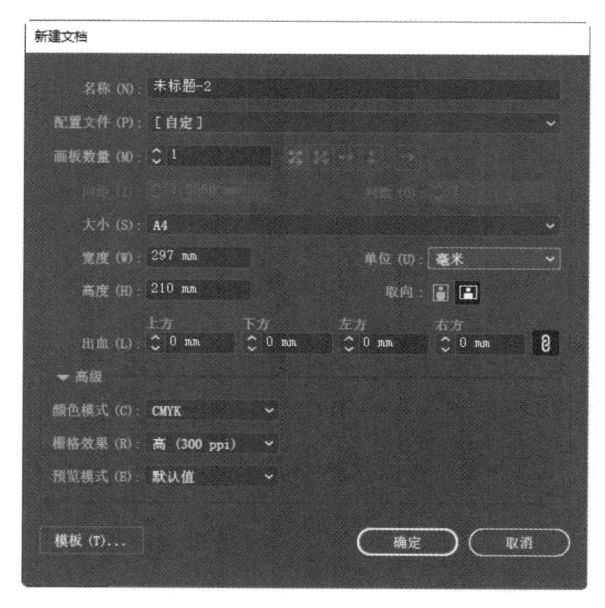

Illustrator 平面设计

图 7-69 "新建文档"对话框

（2）选择"文字工具" ，并在绘图区输入文字，按 Esc 键结束文字输入，按 Ctrl+T 组合键打开"字符"面板，设置如图 7-70 所示。在"描边"面板中设置描边宽度为 3pt，描边颜色为"蓝色"，填充为"无"，如图 7-71 所示。设置后的效果如图 7-72 所示。

图 7-70 设置字符大小　　图 7-71 设置描边粗细（1）　　图 7-72 设置后的效果（1）

（3）选择"文字工具" ，单击文字使文字处在可编辑状态，拖动鼠标光标分别选取两个"f"，如图 7-73 所示，将"f"的描边粗细设置为 4pt，如图 7-74 所示。将文字进行设置后，效果如图 7-75 所示。

（4）执行"文字"→"创建轮廓"命令，或者按 Shift+Ctrl+O 组合键将文字变为路径图形，这样就能像编辑图形一样来编辑文字，如图 7-76 所示。

（5）使用"编组选择工具" 将字母单独选取后，用鼠标光标拖动字母改变其位置，如图 7-77 所示。将字母调整位置后的效果如图 7-78 所示。

图 7-73　选取要改变的字母　　　图 7-74　设置描边粗细（2）　　　图 7-75　设置后的效果（2）

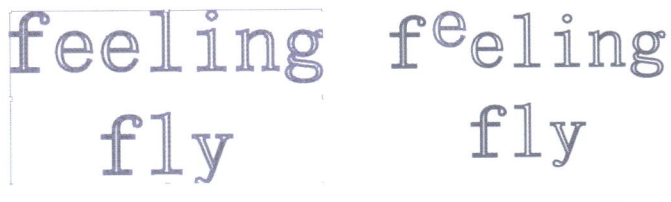

图 7-76　将文字转换为路径图形　　图 7-77　移动字母位置　　　　图 7-78　调整后的效果

（6）按 Ctrl+A 组合键将文字全选，按住 Alt 键并拖曳鼠标框选文字，将复制的文字设置为白色，在"描边"面板中将描边粗细设置为 1pt，如图 7-79 所示。设置后的效果如图 7-80 所示。

图 7-79　设置描边粗细（3）　　　　　　图 7-80　设置后的效果（3）

（7）使用"编组选择工具" 分别选取字母，执行"效果"→"变形→"拱形"命令，在选取字母时按住 Shift 键能够同时选取多个字母，应用变形命令，按 Alt+Shift+Ctrl+W 组合键打开"变形选项"对话框，在此设置变形参数，如图 7-81、图 7-83 和图 7-85 所示，执行变形后的效果如图 7-82、图 7-84 和图 7-86 所示。

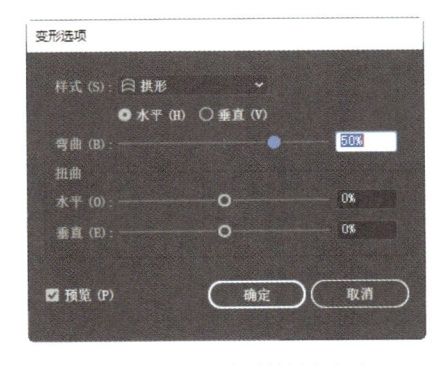

图 7-81　设置变形效果（1）　　　　　　图 7-82　变形后的效果（1）

147

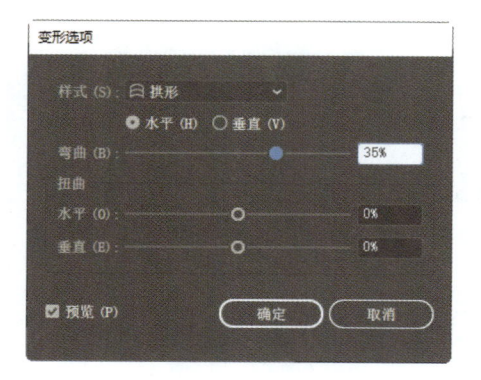

Illustrator 平面设计

图 7-83　设置变形效果（2）

图 7-84　变形后的效果（2）

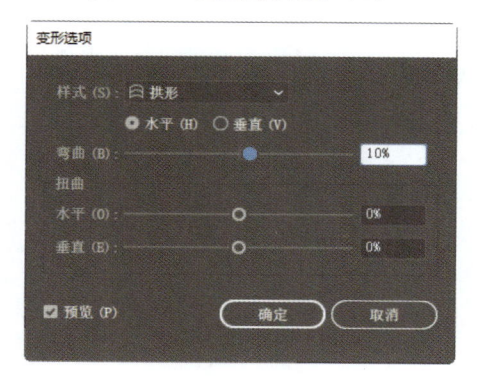

图 7-85　设置变形效果（3）

图 7-86　变形后的效果（3）

（8）执行"效果"→"风格化"→"投影"命令，如图 7-87 所示，弹出"投影"对话框，如图 7-88 所示。双击颜色块弹出投影颜色的"拾色器"对话框，如图 7-89 所示，选择颜色后单击"确定"按钮退出对话框，完成投影颜色设置。单击"投影"对话框中的"确定"按钮，对文字设置投影的效果如图 7-90 所示。

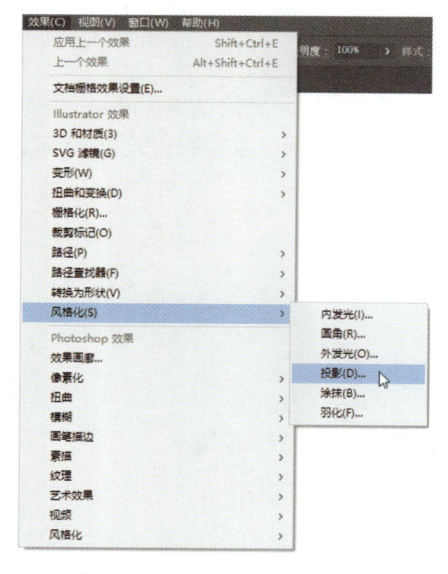

图 7-87　执行"投影"命令

图 7-88　设置投影效果（1）

图 7-89　选择投影颜色 　　　　　　　　　图 7-90　执行命令后的效果

（9）新建图层 2，选择"矩形工具" ■并绘制一个矩形，填充黑色，笔画颜色也设置为黑色，如图 7-91 所示。按 Shift+Ctrl+[组合键将矩形排列在底层，如图 7-92 所示。先按 Ctrl+C 组合键，再按 Ctrl+V 组合键，复制一个矩形并填充颜色，选择"直接选取工具" ▶选取矩形，将复制的矩形缩小，如图 7-93 所示。

图 7-91　设置颜色 　　　　图 7-92　绘制矩形 　　　　图 7-93　绘制并填充矩形后的效果

（10）新建图层 3，将文字粘贴到图层 3 中，如图 7-94 所示，打开"字符"面板，设置字体、大小等，如图 7-95 所示，最终效果如图 7-96 所示。

（11）新建图层 4，选择"矩形工具" ■，绘制两个小矩形，在打开的"渐变"面板中选择"径向"渐变模式，使用渐变颜色的滑块来调整渐变颜色的位置，如图 7-97 所示。设置渐变后的效果如图 7-98 所示。

图 7-94　粘贴文字 　　　　图 7-95　设置字体、大小 　　　　图 7-96　将文字置入图形内

149

Illustrator 平面设计

图 7-97　设置图形渐变

图 7-98　设置渐变后的效果

（12）选取这两个图形，使用快捷键打开"对齐"面板，分别单击按钮■和按钮■，如图 7-99 所示。这样这两个图形就垂直且水平居中，形成一个正方形按钮，按 Ctrl+G 组合键，效果如图 7-100 所示。

图 7-99　打开"对齐"面板

图 7-100　对齐后的效果

（13）用选取工具选取绘制的按钮，按 Alt+Shift+Ctrl+E 组合键打开"投影"面板进行设置，如图 7-101 所示。制作投影后的效果如图 7-102 所示。

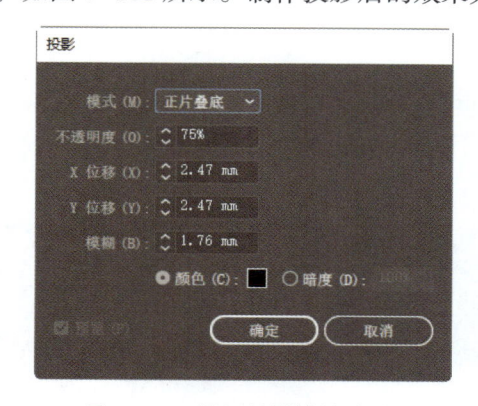

图 7-101　设置投影效果（2）

图 7-102　制作投影后的效果

（14）使用"直接选取工具"■选取绘制的按钮，并复制按钮，将其设置为不同的渐变颜色，如图 7-103 所示。

（15）执行"窗口"→"符号库"→"原始"命令，打开"符号库"面板，如图 7-104 所示，在符号库中选择符号样本，并将其放置在按钮上，把绘制好的按钮放在图形左下角的留白处，如图 7-105 和图 7-106 所示。

图 7-103　复制并改变按钮的颜色

图 7-104　选择符号样本

图 7-105　将符号置入图形

图 7-106　将按钮置入图形内

图 7-107　设置填充颜色

图 7-108　设置数字投影效果

（16）选择"文字工具"，在绘图区输入数字，填充颜色为紫色，笔画颜色选择黑色，如图 7-107 所示。执行"效果"→"风格化"→"投影"命令，在弹出的"投影"对话框中设置投影效果，如图 7-108 所示。制作投影后的效果如图 7-109 所示。将数字放置在图形的右下侧，如图 7-110 所示，完成 CD 封面制作。

图 7-109　制作投影后的效果

图 7-110　将制作的数字置入后的效果

项目总结

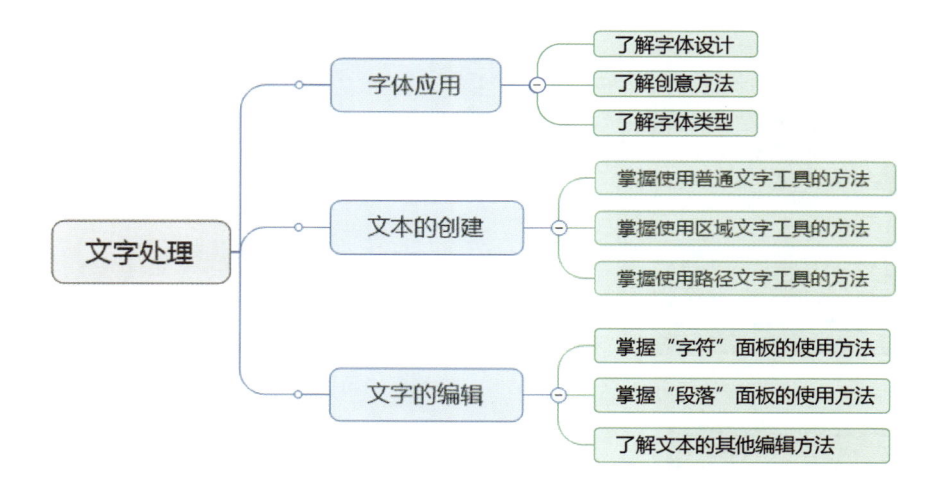

```
                    ┌─ 字体应用 ─┬─ 了解字体设计
                    │            ├─ 了解创意方法
                    │            └─ 了解字体类型
                    │
                    │            ┌─ 掌握使用普通文字工具的方法
         文字处理 ──┼─ 文本的创建┼─ 掌握使用区域文字工具的方法
                    │            └─ 掌握使用路径文字工具的方法
                    │
                    │            ┌─ 掌握"字符"面板的使用方法
                    └─ 文字的编辑┼─ 掌握"段落"面板的使用方法
                                 └─ 了解文本的其他编辑方法
```

项目实战

◆ **实战一　投影字**

（1）单击工具箱中的"文字工具" T，在工作区输入文字"Illustrator"。

（2）执行"窗口"→"文字"→"字符"命令，打开"字符"面板，设置如图 7-111 所示，文字效果如图 7-112 所示。

（3）选择文字，按住 Alt 键并拖曳鼠标，复制一个新文字。选择复制的文字，执行"文字"→"创建轮廓"命令，将复制的文字转换为图形，图形化的文字上就出现了一些可编辑的锚点，效果如图 7-113 所示。

图 7-111　设置文字字符 　　　　图 7-112　文字效果 　　　　图 7-113　转换后的图形效果

（4）选择文字图形，执行"窗口"→"渐变"命令，打开"渐变"面板，设置如图 7-114 所示，文字图形的渐变效果如图 7-115 所示。

（5）选择文字图形，执行"对象"→"变换"→"倾斜"命令，打开"倾斜"对话框。

在对话框中设置图形的倾斜角度，如图 7-116 所示。

图 7-114　设置渐变效果　　图 7-115　文字图形的渐变效果　　图 7-116　设置图形的倾斜角度

（6）单击"确定"按钮，图形的倾斜效果如图 7-117 所示。选择文字图形，在图形四周出现界定框，将鼠标光标放在界定框上部的中间控制点上，使鼠标光标变为↕，向下拖动鼠标，调整图形的高度，效果如图 7-118 所示。

（7）选择文字，执行"对象"→"排列"→"置于顶层"命令，将文字放在文字图形的上层。移动文字和图形，使它们的位置如图 7-119 所示。

（8）选择文字，执行"窗口"→"色板"命令，打开"色板"面板，将文字的颜色设置为白色。

（9）单击工具箱中的"矩形工具"，在工作区绘制一个矩形，并在"色板"面板中设置其颜色为烟色。执行"对象"→"排列"→"置于底层"命令，将矩形放在文字下层，简单的投影字特效即完成，效果如图 7-120 所示。

图 7-117　图形的倾斜效果　　　　　　　　图 7-118　调整图形高度

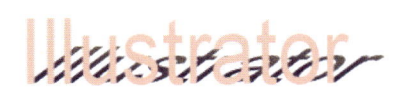

图 7-119　调整文字和图形的位置　　　　　图 7-120　投影字效果

◆ **实战二　图案字**

（1）选择工具箱中的"星形工具"，在工作区单击，弹出"星形"对话框，设置星形的半径和角点数，如图 7-121 所示。单击"确定"按钮，创建的星形效果如图 7-122 所示。

（2）选择工具箱中的"旋转扭曲工具"，将鼠标光标移至刚创建的星形上，使旋转扭曲的中心点和星形的中心点重合，如图 7-123 所示。单击使星形进行中心旋转扭曲，效果如图 7-124 所示。

153

（3）选择星形，执行"窗口"→"色板"命令，打开"色板"面板，为星形填充洋红色。在工具箱中依次单击"描边"和"无"按钮，将星形设置为无描边填充，如图 7-125 所示，星形的填充效果如图 7-126 所示。

图 7-121　设置星形选项　　　　图 7-122　星形效果　　　　图 7-123　使中心点重合

图 7-124　旋转扭曲效果　　　　图 7-125　设置星形描边　　　图 7-126　星形的填充效果

（4）选择星形，按住 Alt 键并拖曳鼠标，复制出一个新星形。重复此操作，则在工作区中复制多个星形，如图 7-127 所示。

（5）选择任意一个星形，星形的四周将出现界定框，将鼠标光标放置在界定框四个对角控制点中的任意一个，使鼠标光标变为 ，拖曳鼠标即可改变星形的大小，如图 7-128 所示。重复该操作，调整工作区中各个星形的大小和位置，使它们的排列疏密得当。

图 7-127　复制多个星形　　　　　　　　图 7-128　改变星形的大小

（6）单击工具箱中的"矩形工具" ，在工作区中绘制一个矩形，并在"色板"面板中为矩形填充颜色。选择矩形，执行"对象"→"排列"→"置于底层"命令，将矩形放在星形的下层，效果如图 7-129 所示。

（7）单击工具箱中的"文字工具" ，在工作区中单击并输入文字"BABY"。

（8）执行"窗口"→"文字"→"字符"命令或按 Ctrl+T 组合键，打开"字符"面板，对文字进行大小、字体、垂直缩放的设置，如图 7-130 所示，文字效果如图 7-131 所示。

图 7-129　矩形的效果　　　　　图 7-130　设置字符选项　　　　　图 7-131　文字效果

（9）按 Ctrl+A 组合键，全选工作区中的所有图形和文字，右击，在弹出的快捷菜单中选择"建立剪切蒙版"命令，如图 7-132 所示。这时，文字中被嵌入了由星形和矩形组成的图案，效果如图 7-133 所示。至此，文字特效图案字就完成了。

图 7-132　选择"建立剪切蒙版"命令　　　　　图 7-133　文字嵌入图案的效果

项目八

效果的应用

思政目标
- 培养读者的创作热情，树立和增强思想修养。
- 抓住机遇，自信勤奋，培养读者热爱祖国的感情。

技能目标
- 了解 Illustrator 效果的概述。
- 掌握使用效果的方法。
- 能够完成实例效果。

项目导读

效果是 Illustrator 中的精华之一，可以针对矢量图和位图进行特殊效果处理。本章简要介绍 Illustrator 常用效果的参数设置，并用一个实例抛砖引玉，讲解效果的使用方法。

任务 1　效果概述

任务引入

使用 Illustrator 不仅可以制作平面效果，还可以制作三维效果。小王在设计文字效果时应用了投影效果，但效果并不好，那如何删除该效果呢？

知识准备

对象应用效果后不会增加新锚点，但可以继续使用"外观"面板修改效果选项或删除该效果，可以对该效果进行编辑、移动、复制、删除操作，或者将其存储为图形样式的一部分，如图 8-1 所示。

图 8-1 应用效果后的"外观"面板

任务 2　效果的使用

任务引入

小王去商场购买化妆品，发现化妆品的纸盒包装很漂亮，于是想设计一款属于自己的化妆品包装。在 Illustrator 中，怎么应用对象效果呢？对象效果都有哪些呢？

知识准备

选择对象后，在"效果"菜单中选择一个命令，并在弹出的对话框中设置相应选项。单击"确定"按钮，即可应用所选效果到对象上。

1. "3D"效果

应用"3D"效果可以通过二维对象创建三维对象，并通过高光、阴影、旋转及其他属性控制 3D 对象的外观。创建"3D"效果的方法包括凸出和斜角、绕转及旋转。

1）凸出和斜角

使用"凸出和斜角"效果将沿对象的 Z 轴凸出拉伸 2D 对象。例如，选择一个 2D 圆形，应用"凸出和斜角"效果后，将它拉伸为一个 3D 圆柱形，如图 8-2 所示。执行"效果"→"3D 和材质"→"3D（经典）"→"凸出和斜角（经典）"命令，即可打开"3D 凸出和斜角选项（经典）"对话框。

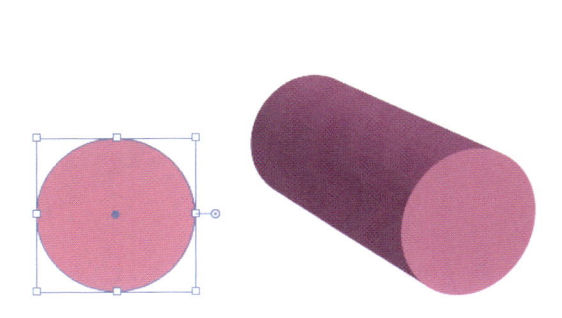

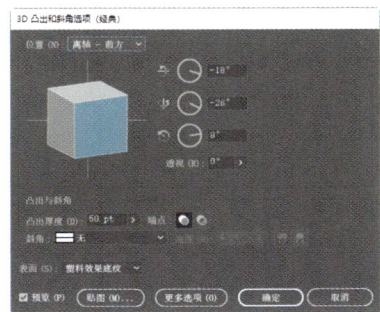

图 8-2　应用"3D 凸出和斜角选项（经典）"效果

157

Illustrator 平面设计

单击"更多选项"按钮可以查看完整的选项列表，如图 8-3 所示，其中常用的设置如下。
- 位置：在该选项栏中可以设置对象如何旋转，以及观看对象的透视角度。在"位置"下拉菜单中选择一个预设位置，或者直接在预览框中拖动 3D 模型，或者在相应轴的文本框中输入数值，都可以改变对象的旋转位置。
- 凸出与斜角：在该选项栏中可以确定对象的深度、斜角的类型和高度，以及添加斜角的方式。单击"开启端点"按钮，可以创建实心 3D 外观，如图 8-4 所示；单击"关闭端点"按钮，可以创建空心 3D 外观，如图 8-5 所示；单击"斜角外扩"按钮，可以将斜角添加至对象，如图 8-6 所示；单击"斜角内缩"按钮，可以从对象上砍去斜角，如图 8-7 所示。

图 8-3 显示更多选项

图 8-4 开启端点的效果　图 8-5 关闭端点的效果　图 8-6 将斜角外扩的效果　图 8-7 将斜角内缩的效果

- 表面：在该选项栏中可以创建各种形式的对象表面。"线框"表面可以绘制对象几何形状的轮廓，并使每个表面透明，如图 8-8 所示；"无底纹"表面则不向对象添加任何新表面属性，3D 对象具有与原始 2D 对象相同的颜色，如图 8-9 所示；"扩散底纹"表面使对象以柔和、扩散的方式反射光，如图 8-10 所示；"塑料效果底纹"表面使对象以闪烁、光亮的材质模式反射光，如图 8-11 所示。

图 8-8 "线框"表面　图 8-9 "无底纹"表面　图 8-10 "扩散底纹"表面　图 8-11 "塑料效果底纹"表面

2）绕转

应用"绕转"效果可以围绕 Y 轴（绕转轴）绕转一条路径或剖面，使其做圆周运动，通过这种方法来创建 3D 对象。

首先，需要绘制一个垂直剖面。由于绕转轴是垂直固定的，因此用于绕转的开放路径或闭合路径应该为所需 3D 对象面向正前方时垂直剖面的一半，如图 8-12 所示。然后，执行"效果"→"3D 和材质"→"3D（经典）"→"绕转（经典）"命令，即可打开"3D 绕转选项（经典）"对话框，如图 8-13 所示。

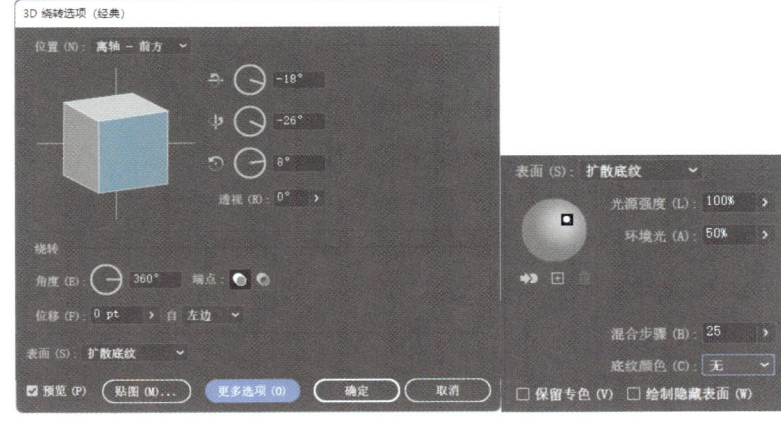

图 8-12　绘制垂直剖面　　　　图 8-13　"3D 绕转选项（经典）"对话框

单击"更多选项"按钮可以查看完整的选项列表，在此可以进行的 3D 设置如下。（有些选项和"凸出和斜角"效果的选项完全相同，不再重复介绍）。

- 角度：在该选项中可以设置 0～360°的路径绕转角度。
- 位移：在该选项中可以设置绕转轴与路径之间的距离，取值范围为 0～1000。
- 自：在该选项中可以设置对象围绕转动的轴。

单击"确定"按钮，使绘制的剖面绕转为一个 3D 对象，效果如图 8-14 所示。

3）旋转

应用"旋转"效果可以在三维空间中旋转一个 2D 对象或 3D 对象。首先，选择一个 2D 对象或 3D 对象，如图 8-15 所示。然后，执行"效果"→"3D 和材质"→"3D（经典）"→"旋转（经典）"命令，即可打开"3D 旋转选项（经典）"对话框，在此可进行三维的旋转角度设置，如图 8-16 所示。单击"确定"按钮，使选择的对象进行相应旋转，效果如图 8-17 所示。

图 8-14　3D 对象的效果　　　　图 8-15　选择对象

159

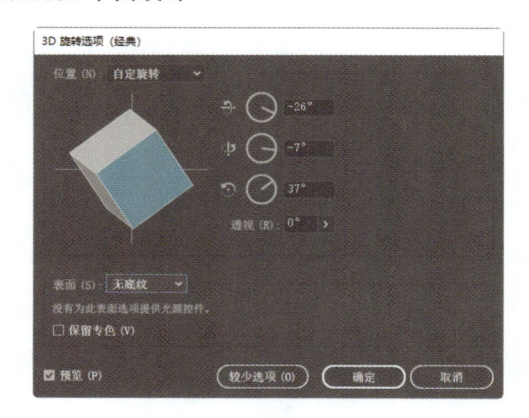

Illustrator 平面设计

图 8-16　设置旋转角度　　　　　　　　　图 8-17　旋转效果

2."变形"和"路径查找器"效果

在"效果"菜单中,有些命令和前面介绍过的路径变形命令完全相同,生成的效果也几乎相同。不同的是,应用效果后,效果可以成为外观属性的一部分,并且可以重新进行编辑。

1)"变形"系列效果

执行"效果"→"变形"中的任意一个变形命令,打开"变形选项"对话框。该对话框和执行"对象"→"封套扭曲"→"用变形建立"命令后打开的对话框完全相同。"变形"系列效果可以参考本书项目三中的"封套扭曲"。

2)"变换"效果

执行"效果"→"扭曲和变换"→"变换"命令,打开"变换效果"对话框。该对话框和执行"对象"→"变换"→"分别变换"命令打开的"分别变换"对话框几乎相同,用法也一样,具体用法可以参考本书项目二中的"图形的变换"。

不同的是,"变换效果"对话框中增加了一个"副本"选项,在此输入数值可以使被选中的对象复制相应的份数或次数。例如,选择如图 8-18 所示的圆形,在"变换效果"对话框中设置如图 8-19 所示变换数值。单击"确定"按钮,圆形在被缩放和偏移的同时,复制出三个新圆形,变换效果如图 8-20 所示。

图 8-18　选择圆形　　　　图 8-19　设置变换数值　　　　图 8-20　变换的效果

3)"栅格化"效果

执行"效果"→"栅格化"命令，打开"栅格化"对话框。该对话框和执行"对象"→"栅格化"命令打开的对话框几乎相同，具体用法可以参考本书项目三中的"将路径转换为位图"。不同的是，执行"对象"→"栅格化"命令将永久栅格化对象；执行"效果"→"栅格化"命令可以为对象创建栅格化外观，而不更改对象的底层结构。

4)"裁剪标记"效果

应用"裁剪标记"可以基于对象的打印区域创建裁剪标记。选择文档中的任意一个对象，执行"效果"→"裁剪标记"命令，即可将裁剪标记添加到对象上，如图8-21所示。

5)"位移路径"效果

执行"效果"→"路径"→"偏移路径"命令，打开"偏移路径"对话框。该对话框和执行"对象"→"路径"→"偏移路径"命令打开的对话框完全相同，具体用法可以参考本书项目三中的"使用菜单命令编辑路径"。

6)"轮廓化对象"效果

执行"效果"→"路径"→"轮廓化对象"命令和执行"文字"→"创建轮廓"命令一样，可以将文字转换为复合路径进行编辑，比如，可以填充渐变。

不同的是，执行"创建轮廓"命令后的文字将带有新锚点，可以通过编辑锚点来编辑对象的路径，如图8-22所示。而执行"轮廓化对象"命令后的文字只是暂时地轮廓化，不会增加新锚点，并且可以在"外观"面板中删除轮廓化效果，如图8-23所示。

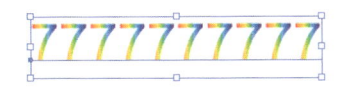

图8-21 裁剪标记的效果　　图8-22 创建轮廓的效果　　图8-23 轮廓化对象的效果

7)"轮廓化描边"效果

选择对象描边后，执行"对象"→"路径"→"轮廓化描边"命令，可以将描边转换为复合路径，从而可以修改描边的路径，并且可以将渐变用于描边路径中，如图8-24所示。

执行"效果"→"路径"→"轮廓化对象"命令，可以将选中的描边暂时转换为复合路径。转换后的描边看起来没有变化，也不能应用渐变填色，但可以结合其他命令编辑描边路径，如图8-25所示。例如，将应用了"轮廓化对象"命令的描边进行编组，并执行"效果"→"路径查找器"→"差集"命令，运算效果如图8-26所示。

图8-24 应用渐变到描边路径中　　图8-25 应用"轮廓化对象"效果　　图8-26 描边运算效果

Illustrator 平面设计

8)"路径查找器"系列效果

"路径查找器"系列效果命令和"路径查找器"面板命令基本相同,但它们的使用方法有差异。在"路径查找器"面板中,需要先选择多个对象,再单击面板中的运算按钮即可进行路径的运算,具体用法可以参考本书项目三中的"在路径查找器中编辑路径"。而"路径查找器"系列效果命令则需要先将多个对象进行群组或放置在同一个图层上;然后,选择群组或图层,执行"效果"→"路径查找器"中的相应命令即可。

3. "转换为形状"效果

应用"转换为形状"效果,可以将矢量对象的形状和位图图像转换为矩形、圆角矩形或椭圆形,并且可以使用绝对或相对尺寸设置形状的尺寸。

首先,选择要转换形状的对象,如图 8-27 所示。然后,执行"效果"→"转换为形状"→"矩形/圆角矩形/椭圆"命令,打开"形状选项"对话框,如图 8-28 所示,部分选项的设置如下:

- 形状:在该选项的下拉列表中可以选择需要转换的对象形状。
- 绝对:选择该单选按钮,则可以设置变换后对象的大小的绝对值,包括宽度和高度。
- 相对:选择该单选按钮,则可以设置变换后对象将增加的大小,包括额外宽度和额外高度。
- 圆角半径:在"形状"下拉列表中选择圆角矩形后,即可设置该选项。该选项表示圆角半径,可以确定圆角边缘的曲率。

单击"确定"按钮,即可将所选对象转换为相应的形状。如图 8-29 所示为转换为圆角矩形后的效果。转换形状后,对象的锚点仍然保持在原始位置。

图 8-27 选择对象　　图 8-28 "形状选项"对话框　　图 8-29 圆角矩形的效果

4. "风格化"效果

"效果"→"风格化"系列效果命令主要可以为选中的对象添加装饰性元素和效果,包括发光、投影、圆角等效果。

1)内发光和外发光

应用"内发光"效果可以在对象内部的边缘添加光晕效果。选择要应用效果的对象后,执行"效果"→"风格化"→"内发光"命令,打开"内发光"对话框,如图 8-30 所示。在该对话框中,可以在"模式"下拉列表中选择混色模式,指定发光颜色,设置光晕的不透明度和模糊度，选择发光方式。选择"中心"单选按钮，则光晕由中心产生，效果如图8-31所示；选择"边缘"单选按钮，则光晕由边缘产生，效果如图8-32所示。

应用"外发光"效果可以在对象外部的边缘添加光晕效果，如图8-33所示。在"外发光"对话框中，可以设置发光模式、颜色、不透明度和模糊度。

图8-30 "内发光"对话框

图8-31 中心发光效果

图8-32 边缘发光效果

图8-33 外发光效果

2）圆角

应用"圆角"效果可以将矢量对象的角落控制点转换为平滑曲线，如图8-34所示。选择矢量对象后，执行"效果"→"风格化"→"圆角"命令，打开"圆角"对话框，如图8-35所示，设置圆角的半径，单击"确定"按钮即可应用该效果。

图8-34 应用"圆角"效果的前后对比

图8-35 "圆角"对话框

3）投影

应用"投影"效果可以快速地为选定对象创建投影效果，如图8-36所示。选择对象后，执行"效果"→"风格化"→"投影"命令，打开"投影"对话框，如图8-37所示。在对话框中可以进行以下设置：

- 模式：在该选项中可以指定投影的混合模式。
- 不透明度：在该选项中可以指定所需的投影不透明度百分比。
- X/Y位移：在该选项中可以指定投影偏离对象的距离。
- 模糊：在该选项中可以设置阴影模糊的强度。
- 颜色：选择该单选按钮可以指定阴影的颜色（单击其后的色块可以打开拾色器）。
- 暗度：选择该单选按钮可以指定为投影添加的黑色深度百分比。

单击"确定"按钮，即可为所选对象添加相应的阴影效果。

图 8-36 应用"投影"效果的前后对比　　　　图 8-37 "投影"对话框

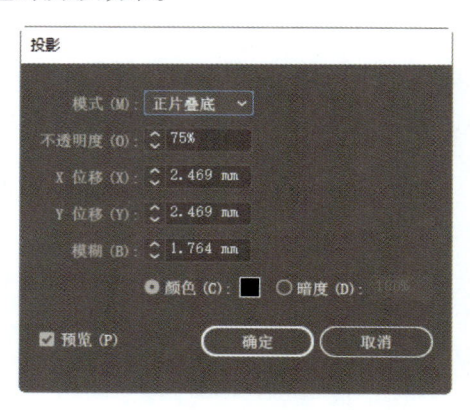

4）涂抹

应用"涂抹"效果可以使对象具有粗糙或手绘笔触的效果，如图 8-38 所示。应用该效果的对象可以是矢量对象、群组、图层、外观属性和图形样式等。

选择要应用"涂抹"效果的对象后，执行"效果"→"风格化"→"涂抹"命令，打开"涂抹选项"对话框，如图 8-39 所示。在对话框中可以进行如下设置：

图 8-38 应用"涂抹"效果的前后对比　　　　图 8-39 "涂抹选项"对话框

- 设置：在该选项的下拉列表中可以选择 Illustrator 预设的涂抹模式或自定义涂抹模式。
- 角度：该选项用于控制涂抹线条的方向。
- 路径重叠：在该选项中可以设置涂抹线条在路径边界内部（负值），还是偏离到路径边界外部（正值），并且可以在其后的"变化"选项中设置涂抹线条之间的相对长度差异。
- 描边宽度：该选项用于控制涂抹线条的宽度。

- 曲度：该选项用于控制涂抹曲线其后的在改变方向之前的曲度，并且可以在其后的"变化"选项中设置涂抹曲线之间的相对曲度差异。
- 间距：该选项用于控制涂抹线条之间的距离，并且可以在其后的"变化"选项中设置间距差异。

5）羽化

应用"羽化"效果可以使对象的边缘变模糊，如图8-40所示。执行"效果"→"风格化"→"羽化"命令，在打开的"羽化"对话框中可以设置边缘的模糊距离，如图8-41所示。

图8-40 应用"羽化"效果的前后对比

图8-41 "羽化"对话框

案例一——漂亮的五角星

（1）选择工具箱中的"星形工具"，在工作区绘制一个五角星，工具箱设置如图8-42所示，效果如图8-43所示。

图8-42 设置颜色

图8-43 绘制五角星

（2）选择五角星，执行"效果"→"扭曲和变换"→"扭转"命令，打开"扭转"对话框，设置如图8-44所示，扭转效果如图8-45所示。

图8-44 "扭转"对话框

图8-45 扭转效果

（3）执行"效果"→"3D和材质"→"3D（经典）"→"凸出和斜角（经典）"命令，打开"3D凸出和斜角选项（经典）"对话框，设置如图8-46所示，最终效果如图8-47所示。

Illustrator 平面设计

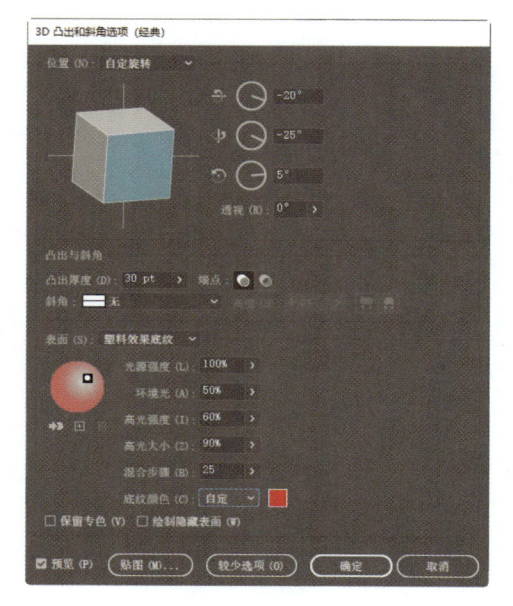

图 8-46　"3D 凸出和斜角选项（经典）"对话框

图 8-47　最终效果

案例二——制作食品宣传海报

（1）新建文档，将文档的颜色模式设置为 CMYK，将页面取向设置为横向模式。

（2）选择"矩形工具" ，绘制一个与页面同等大小的矩形，并将其填充为黑色，如图 8-48 所示。在已经填充黑色的矩形上绘制四个小矩形，并为它们分别填充蓝色、红色、绿色和黄色，效果如图 8-49 所示。

图 8-48　绘制矩形（1）

图 8-49　在黑色矩形上绘制四个小矩形

（3）在"图层"面板中单击"新建图层按钮" ，新建一个图层。双击图层，在弹出的"图层选项"对话框中将"图层 2"重命名为"人物"，如图 8-50 所示。"图层"面板显示如图 8-51 所示。

图 8-50　重命名图层

图 8-51　"图层"面板

（4）选择"椭圆工具" ◯，按住 Shift 键，在绘图区绘制一个圆形，如图 8-52 所示，按 Ctrl+F9 组合键打开"渐变"面板进行设置，填充渐变颜色为白绿色径向渐变，如图 8-53 所示。最终效果如图 8-54 所示。

图 8-52　绘制圆形（1）　　　图 8-53　设置渐变颜色（1）　　　图 8-54　填充渐变颜色后的效果

（5）绘制一个小圆形作为豆豆卡通图形的眼睛，如图 8-55 所示，填充颜色为白色，描边填充为绿色，如图 8-56 所示。绘制小椭圆形，如图 8-57 所示，填充为黑色渐变颜色，如图 8-58 所示。将这两个图形放置在一起，按 Ctrl+G 组合键将它们进行编组，如图 8-59 所示。先按住 Alt 键，复制一个编组，再按 Shift+Ctrl+G 组合键释放编组，调整小圆形的位置如图 8-60 所示，将图形置入后的最终效果如图 8-61 所示。

图 8-55　绘制圆形（2）　　　　　　　图 8-56　设置描边颜色（1）

图 8-57　绘制小椭圆形，并填充渐变颜色　　　图 8-58　设置渐变颜色（2）

图 8-59　将图形进行编组　　图 8-60　复制编组图形　　图 8-61　将图形置入后的最终效果

（6）选择"椭圆工具" ◯，绘制椭圆形，如图 8-62 所示。利用"删除锚点工具"删除椭

Illustrator 平面设计

圆形路径上的两个锚点，如图 8-63 所示。选择转换锚点工具调整椭圆形，如图 8-64 所示。为椭圆形填充颜色，将其作为豆豆的嘴置入图形内，效果如图 8-65 所示。

（7）选择"铅笔工具" ，绘制开放路径作为豆豆的眉毛和睫毛。按 F5 键打开"画笔"面板，选择一种画笔效果，如图 8-66 所示。在豆豆的眼睛上绘制睫毛，将铅笔工具绘制的描边设置为 1pt，如图 8-67 和图 8-68 所示。绘制眉毛，将笔画设置为 4pt，如图 8-69 和图 8-70 所示。

图 8-62　绘制椭圆形（1）　　　图 8-63　删除路径锚点　　　图 8-64　调整椭圆形路径

图 8-65　将调整后的图形置入后的效果　　　图 8-66　选择画笔

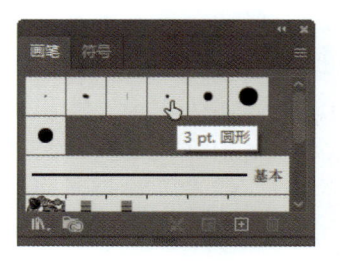

图 8-67　描边设置（1）　　　图 8-68　绘制开放路径（1）

图 8-69　绘制开放路径（2）　　　图 8-70　描边设置（2）

（8）选择"铅笔工具"，绘制路径做豆豆的手，将描边颜色设置为绿色，无填充颜色，如图 8-71 所示，描边大小设置为 1pt，绘制路径如图 8-72 所示，最终完成效果如图 8-73 所示。

图 8-71　设置描边颜色（2）　　　图 8-72　绘制路径　　　图 8-73　绘制后的最终效果

（9）选择"圆角矩形工具"，绘制一个圆角矩形，并填充颜色为淡绿色，如图 8-74 所示。执行"效果"→"风格化"→"羽化"命令，在弹出的"羽化"对话框中，将羽化半径设置为 7pt，如图 8-75 所示。将羽化后的图形置入图形后的效果如图 8-76 所示。按住 Alt 键，复制置入的图形，效果如图 8-77 所示。

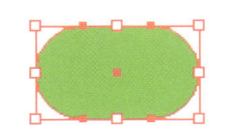

图 8-74　绘制圆角矩形　　　　　　　　图 8-75　设置羽化半径（1）

图 8-76　将羽化后的图形置入　　　　　图 8-77　置入后的最终效果

（10）选择"铅笔工具"，绘制闭合路径，并填充颜色为白色，无描边颜色，如图 8-78 所示。用"直接选取工具"选取所有图形，按 Ctrl+G 组合键将图形编组，如图 8-79 所示。

图 8-78　绘制闭合路径（1）　　　　　　图 8-79　绘制后的效果

（11）按住 Alt 键复制编组图形，如图 8-80 所示，删除卡通人物五官后的效果如图 8-81 所示。

Illustrator 平面设计

图 8-80 复制人物

图 8-81 删除五官

（12）选择"铅笔工具" 绘制闭合路径，并填充白色作为图形高光部分，如图 8-82 所示。选择"椭圆工具" 绘制椭圆形，并填充渐变颜色，如图 8-83 所示，设置渐变颜色如图 8-84 所示。执行"效果"→"风格化"→"羽化"命令，将羽化半径设置为 10pt，如图 8-85 所示。按 Shift+Ctrl+F11 组合键，打开"透明度"面板，将不透明度设置为 60%，如图 8-86 所示。执行后的效果如图 8-87 所示，将其放置在图形下面作为投影，如图 8-88 所示。

图 8-82 绘制闭合路径（2）

图 8-83 绘制椭圆形（2）

图 8-84 设置渐变颜色（3）

图 8-85 设置羽化半径（2）

图 8-86 设置不透明度　　　　　　　　图 8-87 最后的效果

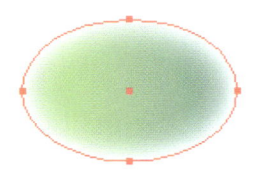

（13）选择"椭圆工具"绘制一个椭圆形，如图 8-89 所示。将颜色设置为无填充颜色，描边颜色设置为黄色，描边大小设置为 4pt，如图 8-90 所示。选择"剪刀工具"，在椭圆形路径上单击，如图 8-91 所示。按 Delete 键删除剪切的路径，如图 8-92 所示，置入后的图形效果如图 8-93 所示。

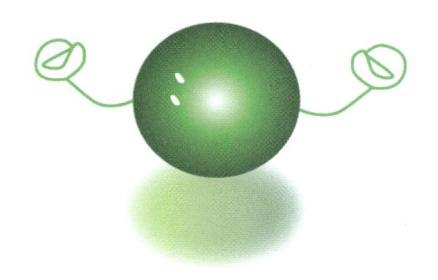

图 8-88 置入图形后的最终效果　　　　图 8-89 绘制椭圆形（3）

图 8-90 设置描边颜色（3）　　　　图 8-91 用"剪刀工具"在路径上分别单击

图 8-92 删除路径后　　　　图 8-93 置入后的图形效果

（14）执行"文件"→"置入"命令，将地板图片置入图形内，并调整图层的位置，如图 8-94 所示，复制地板图形并置入后的效果如图 8-95 所示。

Illustrator 平面设计

（15）用选取工具选取所有图形，按 Ctrl+G 组合键将图形编组，并置入图形内，如图 8-96 所示。

（16）选择"铅笔工具"，绘制多条开放路径，将路径描边颜色设置为白色，作为图形细节的刻画，并输入文字，如图 8-97 所示，将其置入图形内，效果如图 8-98 所示。

（17）选择"椭圆工具"，绘制圆形，按 Ctrl+F9 组合键打开"渐变"面板，设置渐变颜色，渐变模式设置为径向渐变类型，如图 8-99 所示，圆形渐变效果如图 8-100 所示。

图 8-94　置入模糊的地板图片作为镜内显示　　图 8-95　置入后的效果　　图 8-96　对图形进行编组

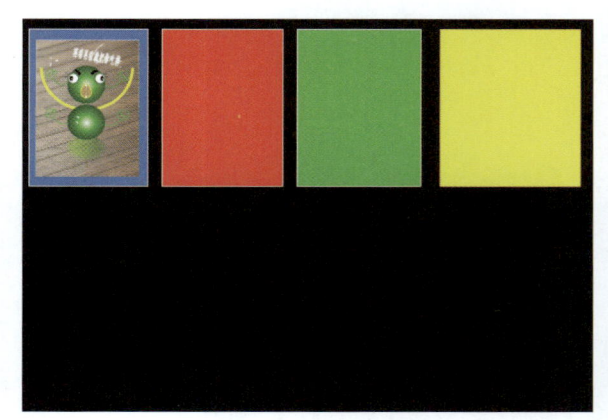

图 8-97　绘制细节　　　　　　　　图 8-98　置入图形后的效果

图 8-99　设置渐变颜色（4）　　　　　图 8-100　渐变效果

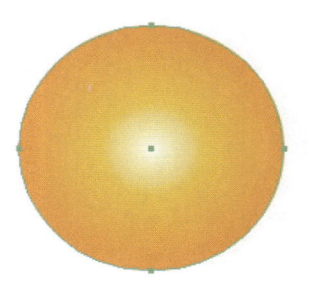

（18）选择"钢笔工具"，绘制开放路径，如图 8-101 所示。在打开的"描边"对话框

中设置描边大小为 4pt，如图 8-102 所示，描边颜色设置为黑色。

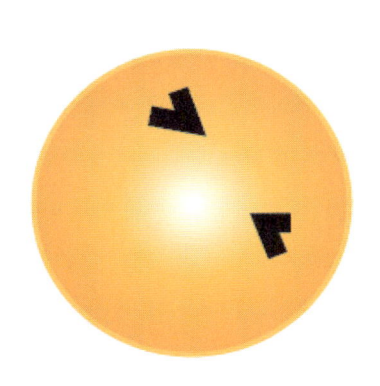

图 8-101　绘制开放路径（3）　　　　　　　　图 8-102　设置描边大小

（19）选择"铅笔工具"，绘制开放路径，如图 8-103 所示。填充颜色和描边颜色均设置为白色，执行后的效果如图 8-104 所示。

图 8-103　绘制开放路径（4）　　　　　　　　图 8-104　执行后的效果

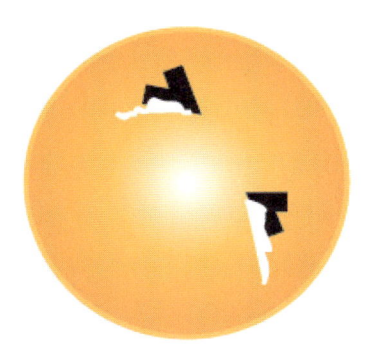

（20）选择"铅笔工具"，绘制闭合路径，描边颜色设置为红色，描边大小设置为 4pt，如图 8-105 所示。填充颜色为肤色，如图 8-106 所示，填充后的效果如图 8-107 所示。

图 8-105　绘制闭合路径（3）　　　图 8-106　设置填充颜色（1）　　　图 8-107　填充后的效果

173

Illustrator 平面设计

（21）绘制手的闭合路径，如图 8-108 所示。描边颜色设置为灰色，在"描边"面板中设置描边粗细为 2pt，效果如图 8-109 所示。

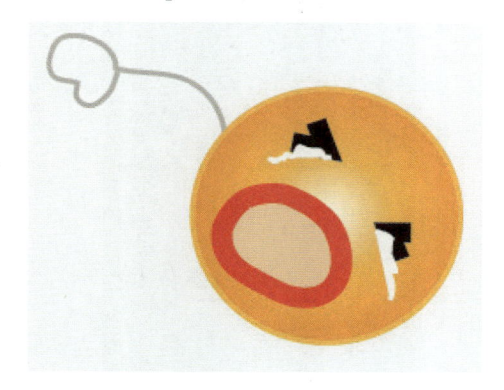

图 8-108　绘制手的闭合路径　　　　　　图 8-109　绘制后的效果

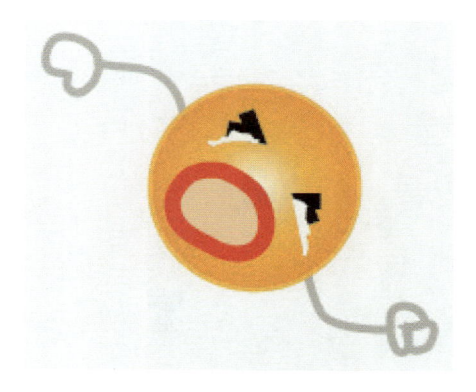

（22）设置绘制的闭合路径填充肤色，如图 8-110 所示，将其作为人物的舌头，如图 8-111 所示。再绘制一个闭合路径，填充颜色为黑色，如图 8-112 所示，拖动并复制两个同样的图形作为牙齿，并调整牙齿的大小和位置，将颜色改为白色，如图 8-113 和图 8-114 所示。

图 8-110　设置填充颜色（2）

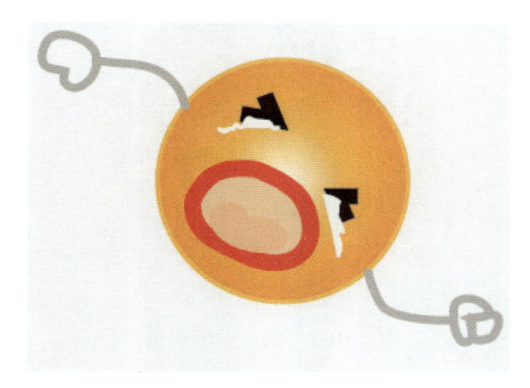

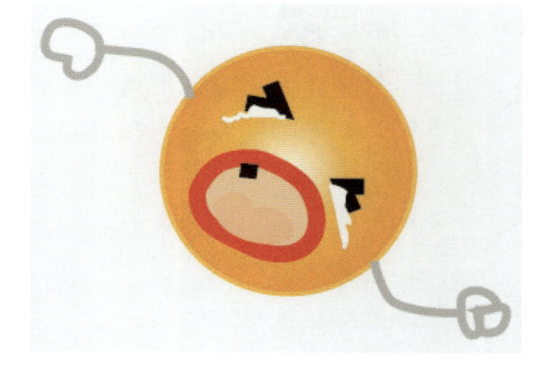

图 8-111　绘制闭合路径（4）　　　　　　图 8-112　设置闭合路径图形

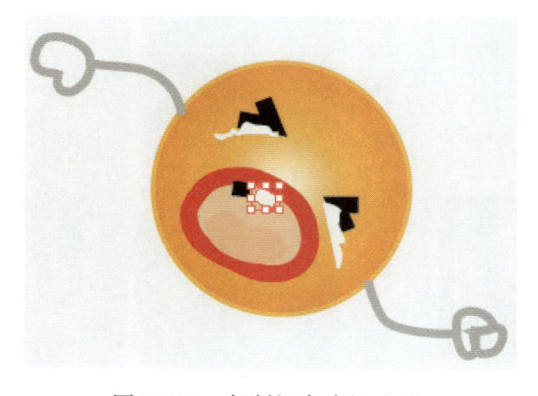

图 8-113　复制闭合路径（5）　　　　　　图 8-114　调整后的图形效果

（23）选择"铅笔工具"，绘制阴影的闭合路径，如图8-115所示。打开"渐变"面板设置渐变颜色，如图8-116所示。执行"效果"→"风格化"→"羽化"命令，在"羽化"对话框中将羽化半径设置为10pt，如图8-117所示，将其放置在图形下方作为图形的阴影，如图8-118所示。

图8-115 绘制闭合路径（6）

图8-116 设置渐变颜色（5）

图8-117 设置羽化半径（3）

图8-118 置入后的效果

（24）选择"铅笔工具"，绘制开放路径，如图8-119所示，设置无填充颜色，描边颜色为浅咖啡色，如图8-120所示。

（25）输入文字，如图8-121所示。执行"文字"→"创建轮廓"命令，或者按Shift+Ctrl+O组合键，将文字转换为路径文字，如图8-122所示。执行"对象"→"取消编组"命令，使用选择工具调整文字的方向和位置，如图8-123所示。

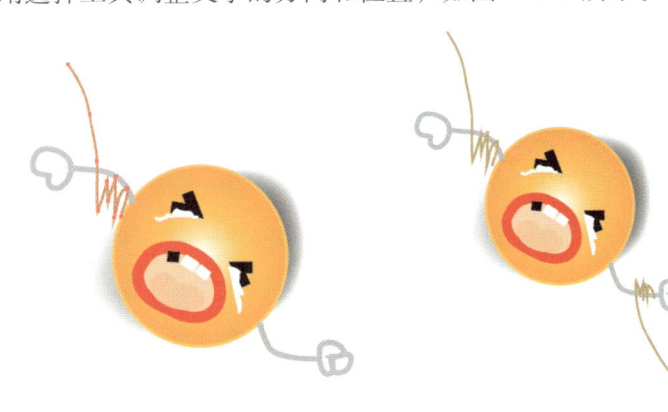

图8-119 绘制开放路径（5）

图8-120 绘制后的效果

图8-121 输入文字

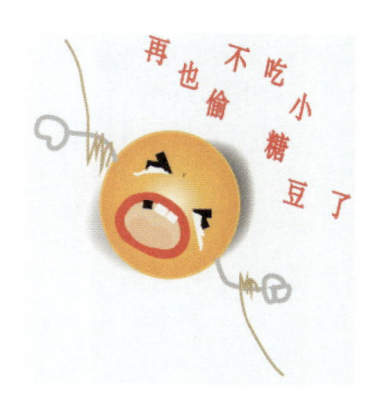

Illustrator 平面设计

图 8-122　将文字转换为路径文字　　　　　　图 8-123　置入文字后的效果

（26）执行"文件"→"置入文件"命令，置入图形作为图形背景，如图 8-124 所示，置入后的效果如图 8-125 所示。

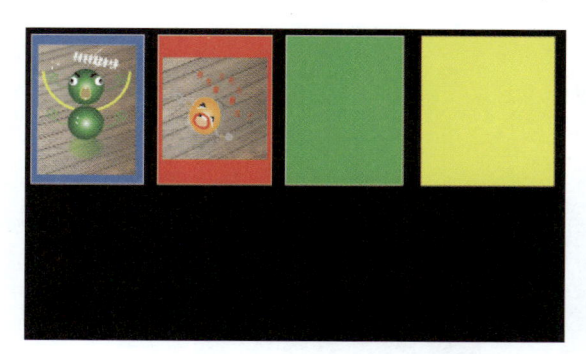

图 8-124　置入背景图片　　　　　　图 8-125　将绘制好的图形置入图形内

（27）复制图形，并将其置入其他图形中，如图 8-126 所示。

图 8-126　将复制的图形置入后的效果

（28）选择"铅笔工具" ，绘制闭合路径，如图 8-127 所示，描边颜色和填充颜色设置为灰色，描边大小设置为 1pt，效果如图 8-128 所示。

（29）复制闭合路径，描边颜色和填充颜色均设置为灰色，执行"效果"→"风格化"→"羽化"命令，设置羽化半径为 9mm。按 Ctrl+F9 组合键打开"透明度"面板，将不透明度设置为 40%，执行后的效果如图 8-129 所示。

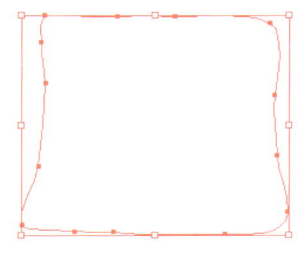

图 8-127　绘制闭合路径（7） 　　图 8-128　填充颜色（1）　　图 8-129　最后显示效果

（30）选择"椭圆工具" ，绘制圆形，如图 8-130 所示。打开"渐变"面板设置渐变颜色，将渐变模式设置为径向渐变，如图 8-131 所示。复制多个不同的圆形，并改变圆形的渐变颜色，如图 8-132 所示。用选取工具选取所有圆形，按 Ctrl+G 组合键将其编组，如图 8-133 所示，将其放入绘制好的透明包装中，如图 8-134 所示。

图 8-130　绘制圆形（3） 　　图 8-131　设置渐变颜色（6） 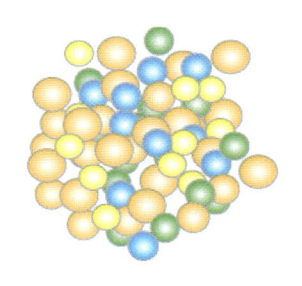　　图 8-132　复制多个渐变的圆形

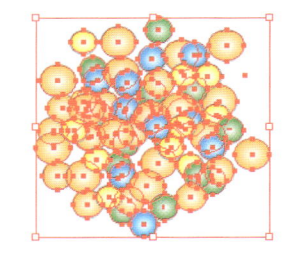

图 8-133　对渐变圆形进行编组 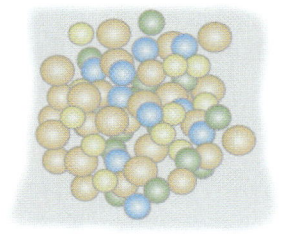　　　　　　图 8-134　将图形放置在图形中

（31）选择"铅笔工具" ，绘制如图 8-135 所示的闭合路径，作为透明包装的高光部分，无描边颜色，填充颜色为白色，如图 8-136 所示。打开"透明度"面板，设置闭合路径图形的不透明颜色为 50%，将其放置在包装袋上，应用后的效果如图 8-137 所示。

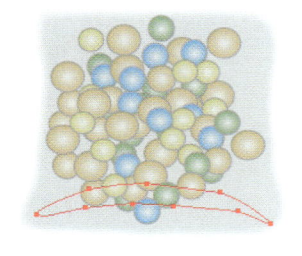

图 8-135　绘制闭合路径（8） 　　图 8-136　填充颜色（2） 　　图 8-137　应用后的效果

177

Illustrator 平面设计

（32）选择"矩形工具"■，绘制矩形，填充颜色与包装袋内的颜色相呼应，将其放置在包装袋的右上角和左下角，如图 8-138 和图 8-139 所示。

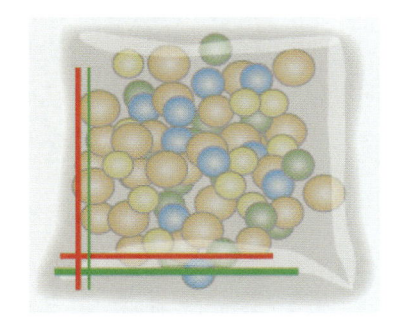

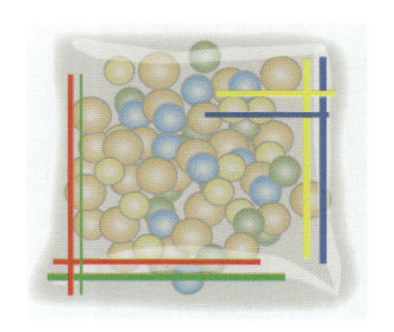

图 8-138　绘制矩形（2）　　　　　　图 8-139　置入后的效果

（33）绘制一个矩形，填充橙色，无描边颜色，如图 8-140 所示，执行"效果"→"变形"→"旗形"命令，在弹出的"变形选项"对话框中，设置矩形进行变形，如图 8-141 所示。变形后的效果如图 8-142 所示。

图 8-140　绘制矩形（3）　　　　图 8-141　设置变形选项　　　　图 8-142　变形后的效果

（34）输入文字，按 Esc 键退出文字输入，将文字颜色设置为白色，将文字放置在变形的矩形中，如图 8-143 所示。按 Shift+Ctrl+F9 组合键打开"路径查找器"面板，单击"减去顶层"按钮■，执行区域与形状相减命令，如图 8-144 所示。最后的显示效果如图 8-145 所示。将制作完成的标志置入图形内的效果如图 8-146 所示。

（35）按住 Alt 键复制步骤 25 制作的图案，选择"旋转工具"■调整图案的方向，将其置入包装的右下角，如图 8-147 所示。

图 8-143　置入文字　　　　图 8-144　执行区域与形状相减命令　　　　图 8-145　最后的效果

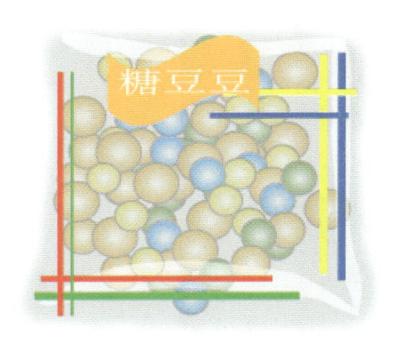

图 8-146　将图形置入图形内　　　　　　　　　图 8-147　包装的最后效果

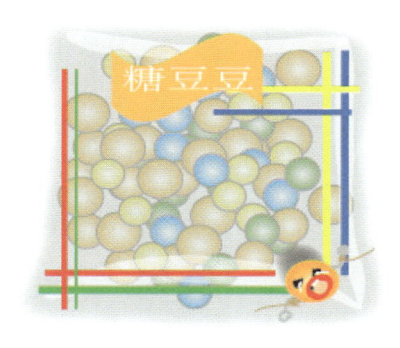

（36）将制作好的包装置入招贴中，如图 8-148 所示。使用复制组合 Ctrl+C 和粘贴组合键 Ctrl+V 复制图形，并将其置入招贴中，选择选取工具，调整图形的大小和位置，如图 8-149 所示，输入文字，完成如图 8-150 所示效果。

图 8-148　将包装置入招贴中

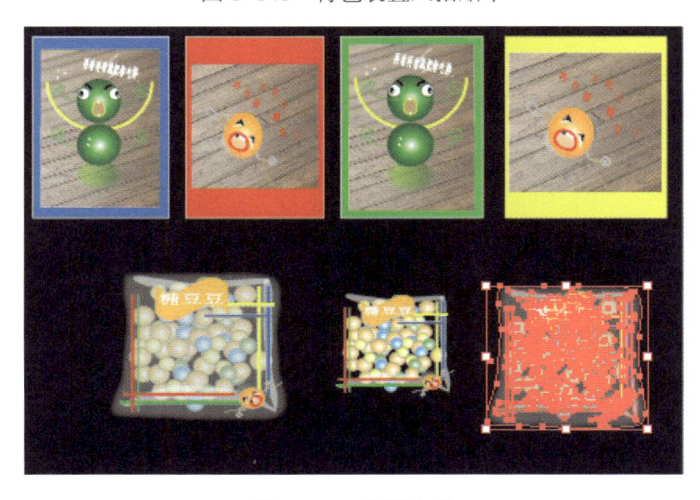

图 8-149　复制包装

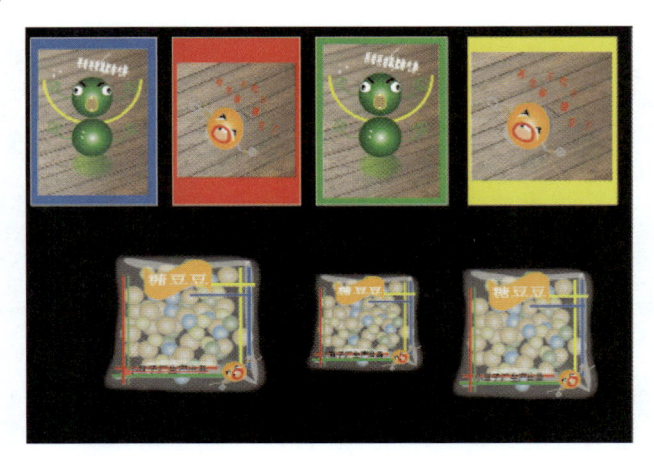

Illustrator 平面设计

图 8-150 制作完成的效果

项目总结

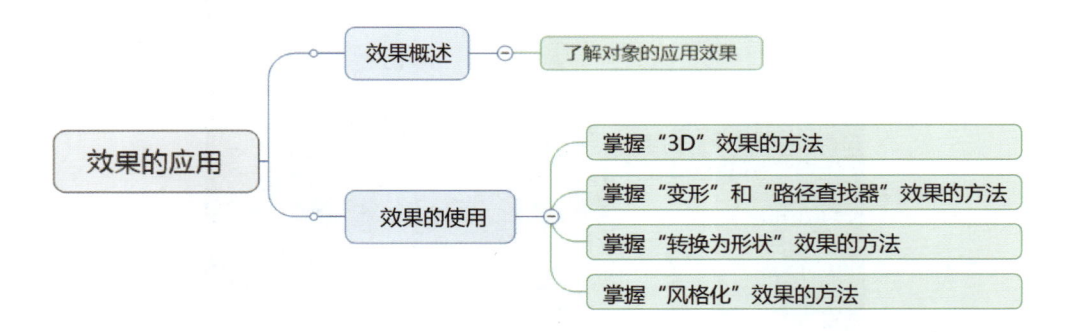

项目实战

◆ 实战一 3D 效果烛台

（1）在工具箱中选择"钢笔工具"，在绘图区绘制开放路径，如图 8-151 所示。

（2）执行"窗口"→"符号库"→"花朵"命令，在打开的"符号"面板中选择大丁草，如图 8-152 所示。

图 8-151 绘制开放路径　　　　　　　　图 8-152 "符号"面板

180

（3）选择绘制的开放路径，执行"效果"→"3D 和材质"→"3D（经典）"→"绕转（经典）"命令，在弹出的"3D 绕转选项（经典）"对话框中设置绕转效果。单击"更多选项"按钮，在弹出的选项中设置并调整光源和底纹颜色，效果如图 8-153 所示。

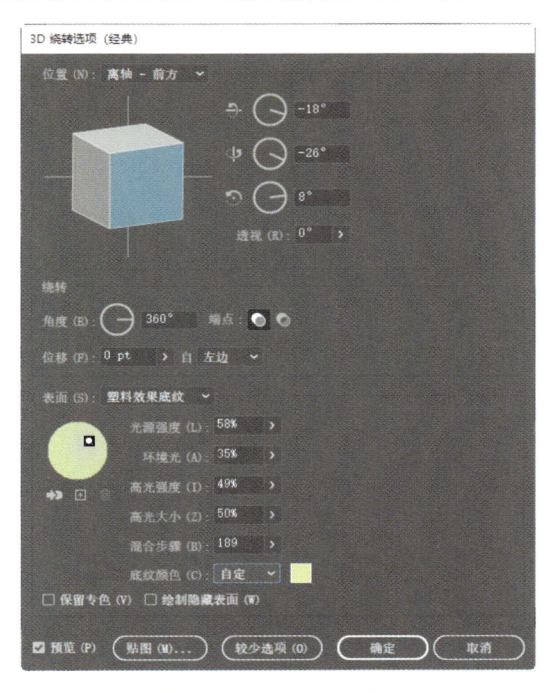

图 8-153　设置绕转效果

（4）单击"3D 绕转选项（经典）"对话框中的"贴图"按钮，弹出"贴图"对话框，如图 8-154 所示，"符号"下拉列表中显示的是可应用的符号，选择"大丁草"图案。单击"表面"区域的按钮，选择符号所贴表面的位置，单击"贴图"菜单中的"缩放以适合"按钮，调整符号大小。单击"确定"按钮退出"贴图"对话框。

（5）设置完成后单击"3D 绕转选项（经典）"对话框中的"确定"按钮，效果如图 8-155 所示。

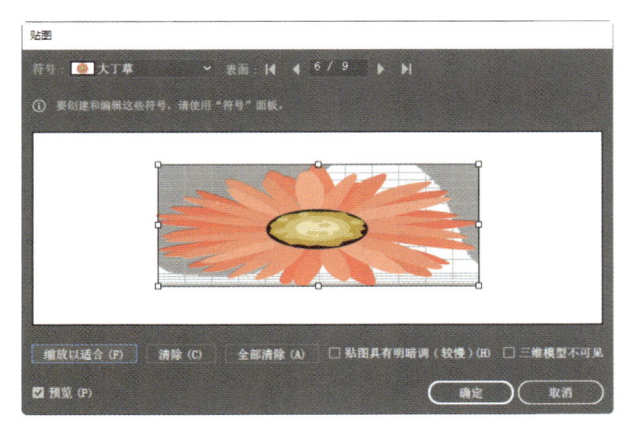

图 8-154　设置贴图效果

图 8-155　最终效果

◆ 实战二　制作书籍包装

（1）执行"文件"→"新建"命令，在新建文件选项中设置颜色模式为 RGB 模式。

（2）选择工具箱中的"矩形工具"，绘制页面大小的矩形，按 Ctrl+F9 组合键打开"渐变"面板，设置填充渐变颜色，如图 8-156 所示。填充后的效果如图 8-157 所示。

图 8-156　设置渐变颜色　　　　图 8-157　填充后的效果

（3）再次选择工具箱中的"矩形工具"，在绘图区绘制一个矩形并填充黄色，在已绘制的矩形上绘制一个较小的矩形，填充橙色，如图 8-158 所示。

（4）按住 Alt 键，并拖动小矩形进行复制，调整图形大小，打开"图形样式"面板，选择"塑料包装"图形样式，如图 8-159 所示，对复制的矩形设置图形样式，效果如图 8-160 所示。

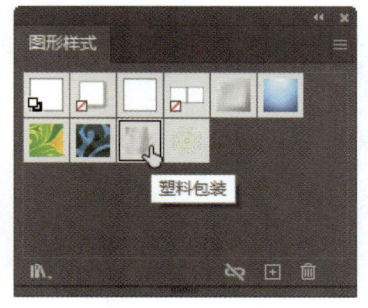

图 8-158　绘制矩形　　　图 8-159　"图形样式"面板　　　图 8-160　设置图形样式

（5）执行"效果"→"纹理"→"龟裂缝"命令，并在"龟裂缝"面板中对效果进行设置，如图 8-161 所示。执行后的效果如图 8-162 所示。

（6）执行"文件"→"置入"命令，置入卡通松鼠，并调整其大小，如图 8-163 所示。

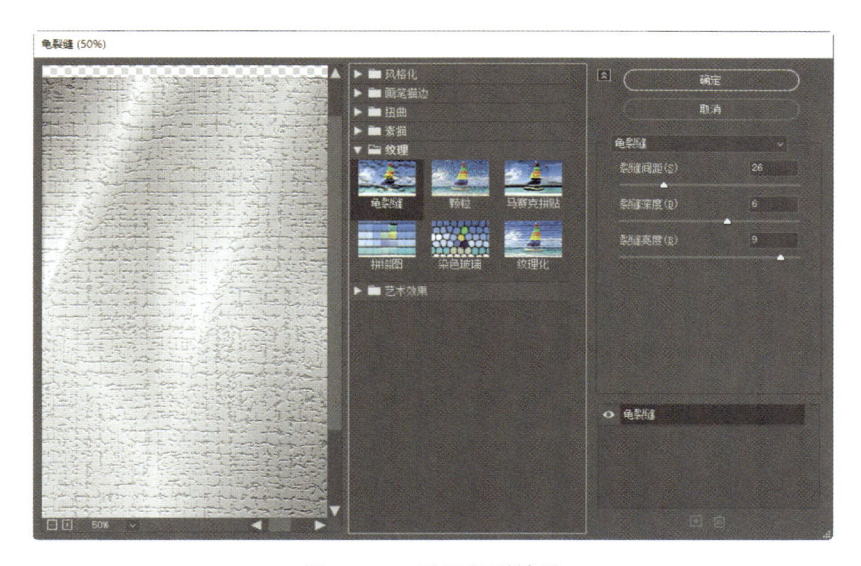

图 8-161　设置龟裂效果

图 8-162　执行后的效果　　　　　　　图 8-163　置入图形

（7）在工具箱中选择"符号喷枪工具"，按 Shift+Ctrl+F11 组合键打开"符号"面板，选择如图 8-164 所示符号。将符号置入图形内，效果如图 8-165 所示。

图 8-164　选择符号　　　　　　　图 8-165　将符号置入后的效果

183

（8）在工具箱中选择"文字工具" T ，输入文字"松鼠的故事"，如图 8-166 所示。按 Shift+Ctrl+O 组合键将文字转换为路径，在打开的"描边"对话框中将描边粗细设置为 3pt，如图 8-167 所示。

图 8-166　置入文字　　　　　　　　　　　图 8-167　设置描边粗细

（9）为文字填充颜色，如图 8-168 所示。在工具箱中选择"变形工具" ，将文字变形，如图 8-169 所示。将变形后的文字移至图形下部，如图 8-170 所示。

图 8-168　设置文字颜色　　图 8-169　将文字变形后的效果　图 8-170　将变形文字置入后的效果

（10）选择如图 8-171 所示的符号，将其置入矩形画面上，效果如图 8-172 所示。

图 8-171　选择置入符号　　　　　　　　　图 8-172　置入符号后的效果

（11）在工具箱中选择"矩形工具" ，绘制矩形并填充渐变色，如图 8-173 和图 8-174 所示。

图 8-173　"渐变"面板设置

图 8-174　渐变矩形

（12）在工具箱中选择"钢笔工具" ，沿着图形绘制一个松鼠的轮廓，并填充颜色，如图 8-175 所示。

（13）执行"效果"→"风格化"→"投影"命令，在弹出的"投影"对话框中设置投影效果，如图 8-176 所示。将制作投影后的图形放到渐变矩形上，并进行复制操作，效果如图 8-177 所示。

图 8-175　绘制轮廓

图 8-176　"投影"对话框

图 8-177　设置投影效果

（14）在工具箱中选择"文字工具" ，输入文字"squirrel story"，设置描边为 2pt，并建立文字轮廓，如图 8-178 所示。

Illustrator 平面设计

图 8-178　建立文字轮廓

（15）执行"效果"→"扭曲"→"玻璃"命令，在弹出的"玻璃"对话框中对玻璃效果进行设置，如图 8-179 所示。制作完成后的效果如图 8-180 所示。使用组合键 Ctrl+G 将图形编组。

图 8-179　设置玻璃效果

图 8-180　将图形置入后的效果

（16）选取矩形图形群组，在工具箱中双击"旋转工具"，弹出"旋转"对话框，将旋转角度设置为-90 度，如图 8-181 所示。执行后的效果如图 8-182 所示。

（17）在工具箱中双击"倾斜工具"，在弹出的"倾斜"对话框中设置倾斜的角度为-35 度，选择"垂直"单选按钮，如图 8-183 所示。执行该命令后的效果如图 8-184 所示。

图 8-181　设置旋转角度

图 8-182　将旋转图形置入后的效果

图 8-183　设置倾斜角度

图 8-184　制作后的效果

（18）制作包装盒底部，在工具箱中双击"倾斜工具"，拖动矩形的锚点，将矩形变为梯形，使其与包装盒左侧的倾斜相符合，调整后的效果如图 8-185 所示。

（19）将包装盒全部选中，并旋转合适的角度，如图 8-186 所示。

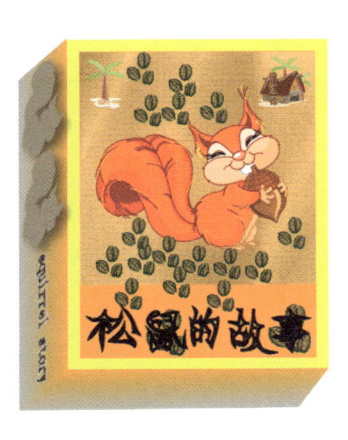

图 8-185　调整后的效果

图 8-186　旋转图形

Illustrator 平面设计

（20）在工具箱中选择"铅笔工具" ，在包装盒下方绘制一个闭合路径图形，作为包装盒的阴影并填充黑色。执行"效果"→"风格化"→"羽化"命令，在弹出的"羽化"对话框中设置"半径"为 22mm，如图 8-187 所示。按 Shift+Ctrl+F10 组合键打开"透明度"面板，将不透明度设置为 70%，如图 8-188 所示，最终效果如图 8-189 所示。

图 8-187　设置阴影的羽化半径 　　　　　图 8-188　设置阴影的不透明度

图 8-189　最终效果

项目练习

制作 LEEKUU 换购卡

本章将详细介绍制作 LEEKUU 换购卡的步骤，主要运用文档设置、对象对齐、矢量图形绘制、变换效果、投影效果和渐变填色等知识。

1. 绘制背景

（1）设置文档的尺寸，常用的卡片尺寸是 86mm×54mm。执行"文件"→"新建"命令，打开"新建文档"对话框，设置如图 9-1 所示，单击"确定"按钮即可。

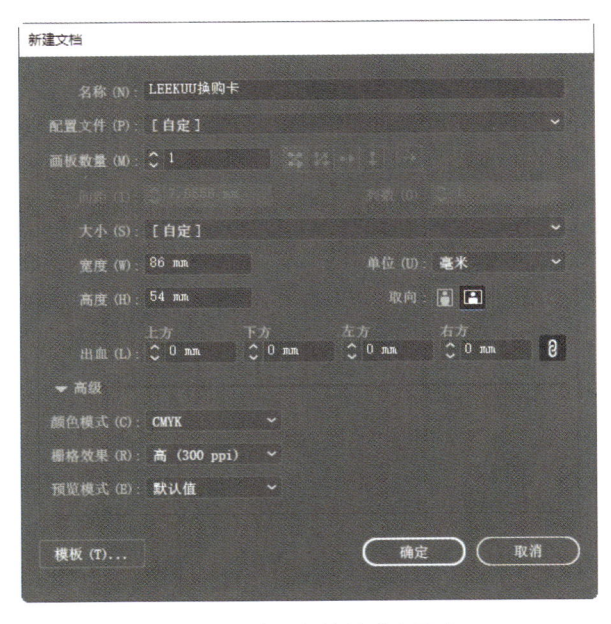

图 9-1　设置文档尺寸和取向

Illustrator 平面设计

（2）绘制背景。在工具箱中选择"矩形工具"■，在页面上绘制一个和文档同样大小的矩形。按 Ctrl+F9 组合键，打开"渐变"面板，设置白色到粉红色（C=10、M=36、Y=9、K=1）的径向渐变，如图 9-2 所示，矩形效果如图 9-3 所示。

图 9-2 设置渐变（1）　　　　　图 9-3 矩形效果

（3）选择"椭圆工具"○，按住 Shift 键，在页面中心绘制一个圆形。双击工具箱底部的"描边按钮"，打开拾色器，在颜色文本框中输入数值（C=12、M=40、Y=9、K=1）设置描边颜色，单击"确定"按钮退出拾色器。

（4）按 F6 键，打开"颜色"面板，单击按钮☑设置圆形的填色为"无"。

（5）按 Ctrl+F10 组合键，打开"描边"面板，设置描边"粗细"为 5pt，圆形在页面中的效果如图 9-4 所示。

（6）为了让圆形在页面中居中对齐，选择圆形后按 Shift+F7 组合键打开"对齐"面板，先单击"对齐画板"按钮，如图 9-5 所示，再依次单击"水平居中对齐"按钮和"垂直居中对齐"按钮，使圆形在页面中居中。

（7）选择圆形，执行"效果"→"扭曲和变换"→"变换"命令，打开"变换效果"对话框，设置变换的缩放数值和复制次数，如图 9-6 所示。

图 9-4 圆形效果（1）　　图 9-5 "对齐"面板　　图 9-6 设置变换效果

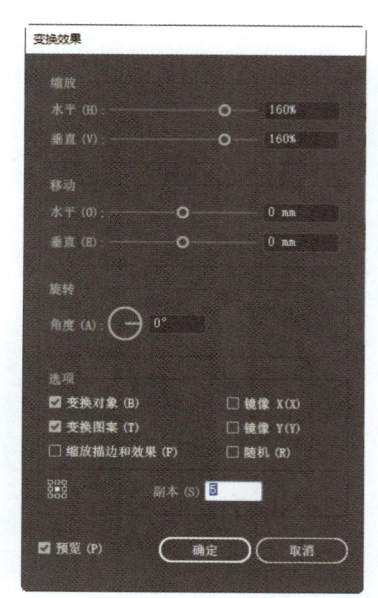

(8)单击"确定"按钮,将圆形进行缩放并复制五个新图形,效果如图 9-7 所示。按 Ctrl+A 组合键选择所有图形,执行"对象"→"锁定"→"所选对象"命令,将背景图形锁定,以便后面的各种操作。超出画板的圆形部分可以不做处理,因为画板外的区域是不会被打印的。

2. 绘制卡通企鹅

(9)在工具箱中选择"钢笔工具" ,在页面中绘制一个图形,并在"色板"面板中设置图形的填色为黑色,描边为"无",效果如图 9-8 所示。

(10)在工具箱中选择"椭圆工具" ,在页面中绘制一个椭圆形作为企鹅的眼睛。在"渐变"面板中设置椭圆形为白色到纯青色的"线性"渐变,如图 9-9 所示。

图 9-7　变换效果

(11)选择椭圆形,将鼠标光标放置在椭圆形界定框任意一个对角控制点的周围,使鼠标光标变为 ,拖曳鼠标将椭圆形旋转一定的角度。按住 Alt 键并拖移椭圆形,复制一个新椭圆形。调整两个椭圆形的位置,效果如图 9-10 所示。

图 9-8　企鹅图形效果　　　图 9-9　设置渐变(2)　　　图 9-10　椭圆形的位置

(12)选择"椭圆工具" ,绘制一个较大的椭圆形作为企鹅的肚皮。在"渐变"面板中设置椭圆形为白色到烟色之间的"线性"渐变,并输入渐变的角度数值,如图 9-11 所示。

(13)使用同步骤(11)同样的方法,将刚绘制的椭圆形旋转一定的角度,并调整位置,效果如图 9-12 所示。

(14)选择"钢笔工具" ,绘制一个图形作为企鹅的围脖,并在"色板"面板中设置该图形的填色为"红宝石色",描边为黑色,效果如图 9-13 所示。

图 9-11　设置椭圆形渐变　　　图 9-12　肚皮的效果　　　图 9-13　围脖的效果

Illustrator 平面设计

（15）选择"钢笔工具" ，绘制一个图形作为企鹅的嘴，并设置该图形的填色为阳光色，描边为黑色，效果如图 9-14 所示。

（16）选择"椭圆工具" ，绘制一个椭圆形作为企鹅的脚，并在"渐变"面板中设置该椭圆形为白色到阳光色之间的"径向"渐变，如图 9-15 所示。

图 9-14　嘴的效果

图 9-15　设置径向渐变

（17）设置椭圆形的描边为黑色后的效果如图 9-16 所示。

（18）选择"渐变工具" ，在刚绘制的椭圆形上进行拖动，调整渐变的角度和中心点。将椭圆形旋转一定的角度后，脚的效果如图 9-17 所示。

图 9-16　渐变效果

图 9-17　脚的效果

（19）选择"弧形工具" ，在椭圆形上绘制一条弧线，并设置该弧线的描边为黑色，效果如图 9-18 所示。选择如图 9-18 所示的椭圆形和弧线，按 Ctrl+G 组合键将这两个图形进行编组，并将该编组调整到适当位置，如图 9-19 所示。

（20）选择编组后的图形组，并在工具箱中单击"镜像工具" ，按 Alt 键复制出另一个对称的图形组，如图 9-20 所示。

图 9-18　绘制弧线效果

图 9-19　调整图形组位置

图 9-20　镜像效果

（21）选择"椭圆工具" ，绘制两个较小的椭圆形作为企鹅的眼珠，设置一个椭圆形的填色为黑色，另一个椭圆形的填色为白色。

（22）选择"弧形工具" ，在企鹅的另一只眼睛上绘制一段黑色的弧线。在"描边"面板中设置描边粗细为 2pt，并单击"圆头端点"按钮 ，如图 9-21 所示，这时企鹅两只眼睛的效果如图 9-22 所示。

192

（23）选择"钢笔工具"，绘制一个图形作为企鹅的头部的反光，在"渐变"面板中设置该图形为白色到夏威夷蓝色的"线性"渐变，并输入渐变的角度，如图9-23所示。

图9-21　设置描边　　　　图9-22　眼睛效果　　　　图9-23　设置渐变（3）

（24）按Shift+Ctrl+F10组合键打开"透明度"面板，选择刚绘制的图形，设置该图形的不透明度，如图9-24所示。反光图形的效果如图9-25所示。

（25）企鹅图形已经绘制完毕。选择所有的相关图形，按Ctrl+G组合键进行编组，并调整大小和位置，使页面效果如图9-26所示。

图9-24　设置透明度　　　　图9-25　反光效果　　　　图9-26　页面效果（1）

3. 绘制手提袋

（26）选择"钢笔工具"，绘制一个图形作为手提袋的一个面，在"渐变"面板中设置该图形为纯黄色到阳光色的"线性"渐变，并输入渐变的角度，如图9-27所示。设置图形的描边为白色，图形效果如图9-28所示。

图9-27　设置渐变（4）　　　　图9-28　图形效果

Illustrator 平面设计

（27）使用同样的方法绘制手提袋的另外两个面，并设置渐变填色，使效果如图 9-29 所示。

（28）选择"钢笔工具"，绘制两段开放的路径作为手提袋的提手，并设置该路径的填色为"无"，执行"对象"→"路径"→"轮廓化描边"命令，将描边转换为轮廓。在"渐变"面板中设置这两段路径为纯黄色到南瓜色的"线性"渐变，渐变角度为-85°，这时手提袋的提手效果如图 9-30 所示。

（29）选择"星形工具"，在手提袋上绘制三个大小不等的星形，并设置填色为白色，描边为无，效果如图 9-31 所示。

（30）选择"椭圆工具"，按住 Shift 键绘制两个大小不等的圆形。在"渐变"面板中设置这两个圆形为白色到树莓色的"径向"渐变，使圆形效果如图 9-32 所示。

图 9-29　绘制另外两个面的效果　　图 9-30　提手效果　　图 9-31　星形效果　图 9-32　圆形效果（2）

（31）选择刚绘制的两个圆形，将其拖移到手提袋图形中进行排列。分别选择圆形，按 Ctrl+[组合键（后移一层）和 Ctrl+]组合键（前移一层）来调整圆形的堆栈顺序，使排列效果如图 9-33 所示。

（32）选择如图 9-33 所示的所有图形，按 Ctrl+G 组合键进行编组。选择该图形组，按 Alt 键进行拖移，复制一个新图形组。

（33）选择刚复制的图形组，将其旋转一定的角度，并进行颜色调整，使效果如图 9-34 所示。

（34）选择两个手提袋图形组，将其移动到相应位置，并调整大小，使页面效果如图 9-35 所示。

图 9-33　排列效果　　　　图 9-34　两组手提袋效果　　　　图 9-35　页面效果（2）

4. 绘制文字

（35）选择"文字工具" ，输入文字"有U就能购"，按Ctrl+T组合键打开"字符"面板，调整文字的字体、大小后，执行"文字"→"创建轮廓"命令，将文字转换为轮廓。

（36）选择文字轮廓，在"渐变"面板中设置文字为纯洋红色到紫水晶色的"线性"渐变，渐变角度为100°。将文字旋转一定的角度后，文字效果如图9-36所示。

（37）选择文字轮廓，执行"效果"→"风格化"→"投影"命令，打开"投影"对话框，设置投影的位移和颜色，如图9-37所示。

图9-36 文字效果（1）

图9-37 设置投影

（38）单击"确定"按钮，文字被添加了白色的投影效果。将文字移动到相应位置，投影效果如图9-38所示。

（39）使用同样的方法输入文字"之女人街"，并为该文字创建轮廓、添加渐变填色和投影效果。调整文字的位置后，效果如图9-39所示。

图9-38 添加投影效果

图9-39 "之女人街"文字效果

（40）选择"文字工具" ，在页面左下角单击并输入文字"WWW.LEEKUU.COM"，分别选择字符段，设置不同的填色和描边，并在"字符"面板中分别设置字体和大小，使文字效果如图9-40所示。

（41）在页面右上角输入文字"换购卡15元"，使效果如图9-41所示。

图9-40 左下角文字的效果

图9-41 右上角文字的效果

（42）在页面左上角单击并输入文字"LEEKUU"，分别选择字符段进行颜色、字体和大小的设置，使文字效果如图9-42所示。

Illustrator 平面设计

（43）选择"矩形工具"，在字符"LEEKUU"上绘制多个矩形，并设置不同的填色。分别选择这些矩形，按 Ctrl+[组合键将其后移一层，使其排列在字符后，效果如图 9-43 所示。

（44）完成 LEEKUU 换购卡的绘制，效果如图 9-44 所示。

图 9-42　文字效果（2）　　　　图 9-43　矩形和文字效果　　　　图 9-44　LEEKUU 换购卡效果